海南热带雨林国家公园导览图

HAINAN TROPICAL
RAIN FOREST
NATIONAL PARK

尖峰岭热带雨林　谷峰/摄

海南热带雨林
国家公园导览

海南热带雨林国家公园管理局　编著

中国林業出版社

图书在版编目(CIP)数据

海南热带雨林国家公园导览 / 海南热带雨林国家公园管理局编著. -- 北京 : 中国林业出版社, 2021.11
ISBN 978-7-5219-1396-5

Ⅰ. ①海… Ⅱ. ①海… Ⅲ. ①热带雨林－国家公园－海南－手册 Ⅳ. ①S759.992.66-62

中国版本图书馆CIP数据核字(2021)第218628号

审图号：琼S（2022）006号

中国林业出版社·自然保护分社（国家公园分社）
策划编辑：肖静
责任编辑：王远　肖静

出版　中国林业出版社（100009　北京市西城区刘海胡同7号）
http://www.forestry.gov.cn/lycb.html　　电话：（010）83143577
印刷　河北京平诚乾印刷有限公司
版次　2021年11月第1版
印次　2021年11月第1次印刷
开本　710mm×1000mm　1/16
印张　14.5
字数　220千字
定价　80.00元

PREFACE 前言

世界上第一个国家公园 01

国家公园是自然保护地的一种类型，国家公园建设最早起源于美国，后来被世界大部分国家和地区借鉴和采用，被誉为美国贡献给世界的“最伟大创意”。

建设国家公园的初始构想来自美国画家乔治 · 卡特琳（George Catlin），他痴迷于印第安土著人物肖像和文化创作，在游历美国西部之后，对西进运动给印第安文化、野生动物和荒野带来的巨大影响忧心忡忡。1832年，卡特琳在书中写道：“通过政府伟大的保护政策……保存一个宏伟的公园……一个国家公园（a nation’s park），人与野兽在此共处……展现大自然充满野性、鲜活的美！”，首次提出通过建立由国家管理的公园来实现生态保护。这个概念不仅包含国家与政策、自然与文化等的关系，更涵盖人与自然、人与野生动物等多重内涵。

1871年年初，地质学家费迪南德 ·V· 海登（Ferdinand Vandeveer Hayden）率领约50人的调查队，对美国黄石地区进行了数月的全面考察，向美国国会提交一份翔实的调查报告，配以随行艺术家、摄影师的精美作品，全面展现了黄石的壮丽和奇观，引起美国国会与民众对黄石保护问题的高度关注。1872年3月1日，美国国会通过《黄石国家公园保护法案》，世界第一个国家公园——黄石公园（Yellowstone National Park）应运而生。

▲ 美国黄石国家公园是世界第一个国家公园，以独特的地热景观和野生动物闻名于世　陈松/摄

国家公园的内涵 02

国家公园没有国际统一的定义和公认的认证体系。目前，全球有超过200个国家和地区建立了4000多个国家公园，基于各国现实情况的不同，国

家公园的设计和管理也遵循了不同的理念和规则，形成了多种多样的国家公园体制。

为方便各国知识交流和经验共享，世界自然保护联盟（IUCN）对全球保护地种类进行系统梳理，根据保护地主要管理目标，提出了保护地管理分类体系，在国际社会受到广泛认可。

在该体系中，保护地被划分成6个类别，国家公园作为其中之一，被赋予这样的定义："国家公园是指把大面积的自然或接近自然的区域保护起来，以保护大范围的生态过程及其相关的物种和生态系统特征，同时，提供环境与文化兼容的精神享受、科学研究、自然教育、游憩和参观的机会。"

根据该定义，国家公园应在生态系统、自然生态价值上具有独特性，且面积需具备一定规模以保存一个运行中的生态系统。国家公园坚持保护优先、兼顾利用，设立的主要目的是为了保护自然生物多样性及其潜在的生态结构和支撑的环境指标，进而促进教育、游憩和参观，实现保护及利用双赢。

▲ 国家公园并非全是无人区，可以开放有限的区域给一定数量的游客（左图为美国黄石国家公园，右图为加拿大班夫国家公园） 陈松/摄

中国特色的国家公园 03

2013年，党的十八届三中全会《中共中央关于全面深化改革若干重大问题的决定》提到加快生态文明制度建设时，将"划定生态保护红线""建设国

家公园体制”作为重要内容。

2015年，《建立国家公园体制试点方案》《生态文明体制改革总体方案》先后发布，标志着国家公园体制建设作为生态文明体制改革的一项重要任务提上国家战略。同年12月，三江源国家公园的试点方案获批，三江源成为我国第一个国家公园体制试点区。

2017年，《建立国家公园体制总体方案》发布，明确了中国特色国家公园体制的内涵及试点的主要内容；2018年，国家林业和草原局加挂“国家公园管理局”牌子，明确了我国国家公园的主管部门。

2019年6月，《关于建立以国家公园为主体的自然保护地体系的指导意见》发布，明确了国家公园在我国自然保护地体系中的主体地位，将自然保护地按生态价值和保护强度高低科学地划分为3个类型，依次为：国家公园、自然保护区及自然公园。

中国国家公园的定义进一步明确为：“国家公园是指以保护具有国家代表性的自然生态系统为主要目的，实现自然资源科学保护和合理利用的特定陆域或海域，是我国自然生态系统中最重要、自然景观最独特、自然遗产最精华、生物多样性最富集的部分，保护范围大，生态过程完整，具有全球价值、国家象征，国民认可度高。”

在国家逐步推进顶层设计的同时，10个国家公园体制试点相继获批，共涉及12个省份，总面积超过22万平方千米（表0-1）。2020年，试点验收工作相继完成。

2021年10月12日，在云南昆明举办的联合国《生物多样性公约》第十五次缔约方会议（CBD COP15）中，国家主席习近平以视频方式出席领导人峰会发表主旨讲话，宣布中国正式设立三江源、大熊猫、东北虎豹、海南热带雨林、武夷山等第一批国家公园，保护面积达23万平方千米，涵盖近30%的陆域国家重点保护野生动植物种类。

首批国家公园的正式设立，标志着建立系统的国家公园体系的新起点，是中国加大力度推进自然生态及生物多样性保护的切实行动。

表0–1　我国国家公园体制试点基本情况

试点名称	面积（平方千米）	启动时间（年－月）	涉及省份	代表物种
三江源国家公园	123100	2015-12	青海	雪豹、藏羚羊
神农架国家公园	1184	2016-05	湖北	川金丝猴
钱江源国家公园	758	2016-06	浙江	黑麂、百山祖冷杉
武夷山国家公园	1001	2016-06	福建	黄腹角雉
南山国家公园	636	2016-07	湖南	林麝、资源冷杉
普达措国家公园	602	2016-10	云南	黑颈鹤
大熊猫国家公园	27134	2016-12	四川、甘肃、陕西	大熊猫
东北虎豹国家公园	14612	2016-12	吉林、黑龙江	东北虎、东北豹
祁连山国家公园	50237	2017-06	甘肃、青海	雪豹
热带雨林国家公园	4296	2019-01	海南	海南长臂猿

《海南热带雨林国家公园导览》 04

热带雨林是生物多样性最丰富的生态系统之一，我国热带雨林资源极其稀缺。海南热带雨林面积占全国总量的近三分之一，是我国分布最集中、保存最完好的岛屿型热带雨林，具有国家代表性，对热带雨林生态系统的全球保护具有重大意义。

海南热带雨林国家公园把海南省最具国家代表性和典型性的热带雨林生态系统纳入其中，地处海南中部山区，拥有独特的自然地理景观和完整的植被垂直带谱，孕育多种热带特有、中国特有、海南特有的珍稀动植物种类，如海南长臂猿。

海南热带雨林国家公园坚持“生态保护第一、国家代表性、全民公益性”理念，把最应该保护的地方保护起来，凸显热带雨林生态系统的原真性和完整性，保留弘扬独具特色的黎族和苗族雨林文化，为子孙后代留下宝贵的自然和非物质文化遗产，为公众提供亲近雨林、体验雨林、了解雨林的教育和游憩机会，调动公众积极性，激发其自然保护意识。

本书旨在为读者整理和提供以游客身份探索海南热带雨林国家公园的导览信息。

第一章至第四章偏向于科普读物特性，读者可以了解到海南热带雨林国家公园的前世今生，热带雨林生态系统的基础知识，海南中部山区复杂的山地地貌与热带雨林相融合的多样化自然地理景观，雨林造就的独特的黎族和苗族民族文化。当然，还少不了生活在原始雨林里的美妙生灵——明星动植物的基本档案。

本书编写团队经过多次现场考察调研，总结目前海南热带雨林国家公园及其周边开发较完善的旅游资源，整理归纳包括景点设施、美食特产、节庆活动及交通指引在内的实用信息，集中展现在第五章、第六章及附录部分。

因海南热带雨林国家公园刚刚成立，实行一套崭新的保护管理体制，生态旅游资源还在不断整合、变化和探索的阶段，出行前应尽可能获取目的地实时信息。

希望本书能让你的海南热带雨林国家公园之旅更高效，愿你能爱上这片原始而神奇的山林秘境。就从这本书开启你的海南热带雨林国家公园之旅吧！

▼ 尖峰岭 谷峰/摄

目录 CONTENTS

海南尖峰岭热带雨林

第一章

保护谱新篇：海南热带雨林国家公园的前世今生

一、海南热带雨林国家公园概览

（一）区位与面积

如果你能看到海南岛的卫星影像图，会发现在这个梨形的绿色岛屿中南部，有一些深绿色甚至暗到发黑的斑块，地形高低不平，密集分布许多凸起的山峰。这些区域正是原始热带雨林最集中的分布区，海南热带雨林国家公园就建在那里（图 1-1）。

海南热带雨林国家公园以原始热带雨林集中分布区为基础，以中部山区的主要山体为骨架，以五指山、鹦哥岭、尖峰岭、霸王岭、吊罗山、黎母山等海南六大林区为核心，将已有的 19 个自然保护地及周边的天然林连通起来，构成了一个占地4296 平方千米的整体，相当于海南岛陆地面积的 1/7。土地范围涉及海南岛中南部五指山市、陵水黎族自治县（简称陵水县）、琼中黎族苗族自治县（简称琼中县）等9个市（县）。

▲ 图 1-1　海南岛的卫星影像图，从中可见海南热带雨林国家公园与海南岛深绿色（天然林）区域基本重合[①]

①照片没有署名的均由卢刚拍摄。

（二）形象标识

初识海南热带雨林国家公园，不妨从官方标识入手（图1-2）。

▲图1-2　海南热带雨林国家公园的官方标识

标识主体由家喻户晓的海南名片五指山（图1-3）、海南热带雨林旗舰物种海南长臂猿（图1-4）的写意造型构成。不同深浅的绿色线条勾勒出五指山雨林的勃勃生机。肩并肩的两只长臂猿分别用深咖色和金黄色巧妙描绘出一雌一雄的个体（海南长臂猿雌性为金黄色，雄性为黑色），造型犹如中国古篆中的“林”字。两只亲密相连的长臂猿正好位于五指山的第三峰，寓意来自《道德经》中的“道生一，一生二，二生三，三生万物”，象征着海南岛的沃土及阳光成就了热带雨林的物种多样性，以海南长臂猿为代表的热带雨林动植物将在此生生不息、延绵不绝。

在字体设计上，特意采用了曾在海南生活，并留下许多美好诗篇和佳话的宋代大文豪苏东坡的书法。洒脱飘逸的笔墨和鲜红的“雨林”篆体印字极具中国风，将厚重的中国文化底蕴、海南的历史文化与国际化的设计理念融为一体，既展现海南人开放、包容的态度，更代表了海南人民对热带雨林倍加珍惜、精心呵护的庄严“承诺”。

▲图1-3　标识原型：五指山　五指山分局/供图

▲图1-4　标识原型：海南长臂猿　张志成/摄

（三）资源禀赋

海南省是我国最大的热带省份，在海南岛上分布的热带雨林属于“大陆性岛屿型”热带雨林，与东南亚热带雨林在成分和结构上相近，但由于水热条件不同和长期的独立演化，海南热带雨林形成了一定的独特性，是我国稀缺的自然资源，资源价值具有国家代表性。

海南岛热带雨林面积约占全国热带雨林面积的30%，位列全国第二，主要分布在海南中部山区尖峰岭、鹦哥岭、霸王岭、五指山、黎母山、吊罗山等地，海南三大河流南渡江、昌化江、万泉河和许多密如织网的大小河流也发源于这些山岭。

海南热带雨林国家公园面积占我国国土面积比例不足0.05%，却拥有全国约20%的两栖类、33%的爬行类、38.6%的鸟类（图1-5）和20%的兽类。在国家公园范围内，已记录到的野生维管束植物3613种，脊椎动物超过627种，其中不乏海南特有种。

海南热带雨林的旗舰物种是海南长臂猿（图1-6～图1-8），是海南特有的灵长类动物，国家一级重点保护野生动物，被列为全球25种最濒危灵长类

▲ 图1-5 海南柳莺　杨烨/摄

（注：海南柳莺为1993年发布的鸟类新种，是海南岛的留鸟，分布在海南中南部山区的中高海拔的天然林里。海南热带雨林国家公园几乎涵盖该物种所有栖息地。）

物种之首，濒危程度远高于大熊猫，目前全球仅存5群35只，全部分布在霸王岭片区。

海南长臂猿是典型的树栖猿类，一生不下地，以浆果和嫩叶为食，对栖息地要求较高，对于成熟原始热带雨林高度依赖，因此可以作为海南热带雨林生态系统完整性和原真性的指示物种。

海南长臂猿是海南岛真正的“原住民”，三亚落笔洞遗址就曾发现一万多年前的长臂猿化石。这些“原住民”曾广泛分布于海南岛的热带雨林中，随着热带雨林的日渐萎缩，海南长臂猿的分区已经被压缩到以斧头岭为核心，面积为600公顷的原始热带雨林内。建设热带雨林国家公园，有利于修复生态廊道，消除生境隔离，为海南长臂猿的长远发展留出足够的发展空间。

▲ 图1-6　成年公猿

▲ 图1-7　幼猿（难辨雌雄）

◀ 图1-8　母猿和刚出生不久的婴猿

（注：海南长臂猿一生会变换毛色数次，初生时全身灰黄色，半岁时雌雄个体毛发均慢慢变成黑色，青少年时期很难通过外形辨认其性别，7～9岁性成熟时雌猿全身变成金黄色，公猿则一直全身乌黑。）

海南热带雨林国家公园所在的区域也是海南少数民族黎族和苗族的世代栖居地（图1-9）。茂密的雨林和湿热的气候孕育了独具特色的黎族和苗族文化传统和风俗习惯。比如，传统民居船型屋；民族风味三色饭、山栏酒、鱼茶；传统服饰黎锦、筒裙、蜡染、银饰，等等（图1-10）。如今居住在山川里的黎苗同胞，仍坚守着他们古朴的文化，崇敬自然、祭拜神明、能歌善舞。

▼ 图1-9　黎族传统村寨通常与自然相融相生（五指山市初保村） 杨川/摄

▶ 图1-10　海南黎族和苗族的传统服装　云琪/绘

二、海南热带雨林的演变与保护

（一）演变历史

优越的自然生态环境条件造就了海南岛丰富的森林植被。据研究，1950年以前海南岛上的森林基本为热带天然林，之后才逐渐出现成规模的人工林种植活动。

海南岛森林的变迁大致分为六个阶段。

一是从远古时代到汉、唐时期，海南岛基本被热带雨林所覆盖，全岛森林覆盖率高达90%；

二是宋、元时期，随着外来人口的增加，森林覆盖率从90%降至85%；

三是明、清时期，是海南岛全面深入的土地开发时期，天然林面积明显缩小，森林覆盖率从85%骤降至50%；

四是1900年至1950年的战争时期，日本侵略者对海南岛天然林掠夺严重，森林覆盖率从50%降至35%；

五是新中国成立后1951年至1979年的开发时期，经历了大规模的商业性采伐和农垦大面积种植橡胶，尽管全岛的森林覆盖率从35%上升至40%，天然林覆盖率却从35%降至10.42%；

六是从1980年至今的保育时期，全岛的森林覆盖率从38.2%上升至62.1%，天然林覆盖率从10.42%上升至25%左右，天然林占比在国内处于极高的水平。

从整个变迁历史来看（图1-11），海南岛中部始终保持着相对稳定的森林资源分布，从汉、唐时期开始，海南岛的森林资源就呈现从沿海向中部山区后退的趋势，但强度不大。从公元前110年到明初1368年的近1500年时间里，海南岛雨林覆盖率只减少了5%左右，每降1%约需300年。

明、清时期，热带森林显著减少，这是因为海南岛进入全面深入开发土地利用的时期，森林成为主要被开发对象，除木材采伐、采藤、种植南药外，

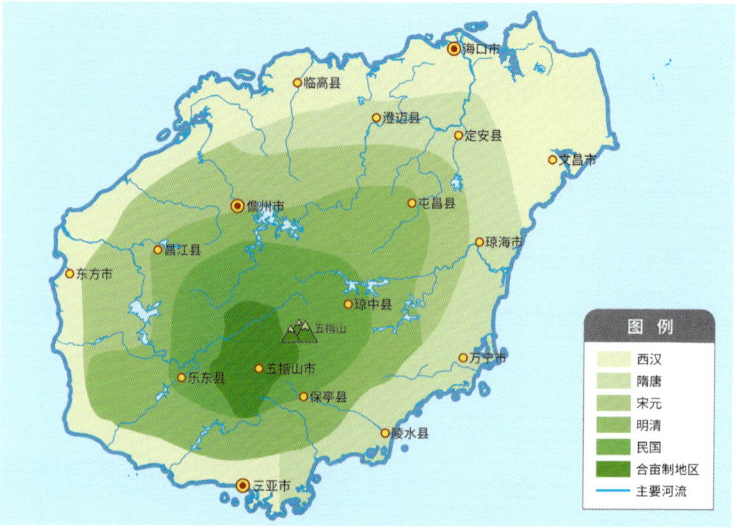

▲ 图1-11　历史上海南岛土地利用的变化过程　林兆茵/绘

沉香的开采对热带林的破坏也是相当严重的。明代造船业的发展使珍贵用材的需求量大增。

1910年至1930年，天然林的基本格局变化并不明显。1950年以来，为满足国家经济建设的需求，海南掀起了农垦开荒种植橡胶的热潮（图1-12），成立了许多森工企业开采林木资源（图1-13）。伴随着人口增

▲ 图1-12　夏天的海南一片葱绿，冬天橡胶树落叶后，可以看出大量低海拔的天然林已经丧失（白沙县①元门乡）

▲ 图1-13　尖峰岭主峰下的南崖林场旧址，森工企业昔日的辉煌仍依稀可见

① 白沙县全称为白沙黎族自治县。

长、耕地扩张，公路交通的快速发展，天然林覆盖率急速下降，琼北地区的天然林基本消失，原始的热带雨林仅残存在霸王岭、鹦哥岭、五指山等几处高海拔的“孤岛”上。

（二）保护措施

1980年，国务院对海南林业下达了“保护、恢复、发展”六字方针。海南尖峰岭、吊罗山等11个国营森工采伐企业的经营方向开始从木材生产转变为营林生产，采伐量逐年降低。

1993年，海南颁布《海南省森林保护管理条例》，从1994年1月1日起全面实施天然林禁伐，是全国第一个全面停止天然林商业性采伐的省份，对热带雨林的破坏终于被扼制。

1998年，国家天然林资源保护工程（简称“天保工程”）在海南正式启动，几乎全部原始热带雨林都被纳入了全国重点天保工程实施范围。1999年，海南省政府在全国率先提出“生态优先、生态立省”的战略，成为我国第一批生态省建设试点。

此后，通过天然林保护、造林灭荒、退耕还林、绿化宝岛、保护地建设、生态效益补偿等工作的开展和深入推进，海南省森林覆盖率稳步提升，从20世纪80年代的38.2%提高到当前的62.1%，热带雨林面积也从14万公顷恢复到43万公顷。

尽管如此，长期的商业采伐和数十年橡胶林、槟榔林在低海拔区域的肆意扩张，给海南森林留下的伤痕是深刻、长久且难以抚平的。海南省现存的热带雨林，除了原来少数几个国家级自然保护区的核心区外，多为停止商业性规模采伐后近30多年恢复的热带次生林（图1-14）。想在这些次生林中重见参天古树、藤萝密布、空中花园等显著的热带雨林特点，尚需时日。

（三）海南热带雨林国家公园的建设历程

1956年，尖峰岭热带林自然保护区成立，这是海南第一个自然保护地，也是我国热带地区最早的自然保护区（图1-15）。截至2018年年底，海南

▲ 图1-14　上图为霸王岭20世纪70年代末期的照片，下图为同场景2010年的照片。从图中可以看出海南岛的森林正在处于恢复期

▲ 图1-15　尖峰岭是海南第一个自然保护区。国家公园体制的建设，有效避免了一片区域出现多个保护单位的状况

共建立各类自然保护地116个，其中，陆域自然保护地面积近53万公顷，占海南岛面积的15.6%，是国内保护地密度较大的省份之一。经过多年发展，现已形成以自然保护区为核心，森林公园、风景名胜区、地质公园、湿地公园和珍稀濒危物种原生境保护点为主的自然保护地体系。这些自然保护地的建设在一定程度上保护和恢复了海南岛的热带雨林生态系统。

由于海南岛保护地分布不均衡，平均保护面积较小，保护地的“孤岛”

现象较为普遍，一些重要的生态系统和生物多样性较为丰富的地区还存在保护空缺，加上部分自然保护地存在交叉重叠、产权不清晰、保护目标不明确等问题，始终威胁着海南热带雨林生态系统，亟须探索破解之道。

2015年2月，在中央首次提出“建立国家公园体制”设想一年多后，海南省政协委员刘艳玲在政协会议上呼吁海南应该积极开展国家公园的建设试点，完善省内的保护体系。2017年9月，海南省在关于加强生态文明建设的决定中首次提出，针对自然保护地问题推进国家公园体制试点工作，尤其要研究制定热带雨林等国家公园试点实施方案，探索国家公园建设经验。

2018年，海南建省办经济特区30周年大会上，党中央赋予了海南改革开放新的历史使命——海南全岛建设自由贸易试验区，并鼓励海南走出一条人与自然和谐发展的路子，为全国生态文明建设探索经验，明确提出要开展国家公园体制试点，建设热带雨林等国家公园。

2019年1月，《海南热带雨林国家公园体制试点方案》获批，海南热带雨林国家公园正式成为全国第10个国家公园体制试点。2019年4月1日，海南热带雨林国家公园管理局在吊罗山国家级自然保护区管理局正式挂牌（图1-16）。

2020年6月，《海南自由贸易港建设总体方案》将建设国家生态文明试验区作为海南自贸港的战略定位之一，将建立热带雨林国家公园作为海南自贸港建设的一项重要任务。2020年9月3日，海南省人民代表大会常务委员会颁布《海南热带雨林国家公园条例（试行）》，将国家公园管理纳入法治化轨道。

2021年10月12日，习近平主席在联合国《生物多样性公约》第十五次缔约方大会上宣布：中国正式设立三江源、大熊猫、东北虎豹、海南热带雨林、武夷山等第一批国家公园。

▲ 图1-16　2019年4月1日，国家林业和草原局与海南省领导给海南热带雨林国家公园管理局揭牌

海南霸王岭的热带低地雨林

第二章

基础知识篇：揭秘全球热带雨林

一、什么是热带雨林

（一）热带雨林的定义

热带雨林（图2-1）是一种森林类型，通常出现在雨量和热量都十分充沛的地区，具有“富有常绿喜湿、高逾30米的乔木，粗大的藤本，木质及草本的附生植物”等特征（辛伯尔Schimper A.F.W首次提出）。与之相对应的概念有亚热带阔叶林、温带落叶阔叶林和温带针叶林等。

热带雨林通常出现在赤道附近水热条件充沛的地方，那里年平均温度在24℃以上，最冷月份平均温度18℃以上，全年雨量分配均匀，常年湿润，年降水量通常超过2000毫米，空气相对湿度可达95%以上。热带雨林是热带雨林气候、热带海洋性气候的典型植被，泛指热带湿润雨林、季雨林、山地雨林等，但不包含红树林和珊瑚岛植被。

由于未受到第四纪冰川的影响，热带雨林成为许多古老物种的避难所，

▲ 图2-1　海南尖峰岭的热带雨林外观，可见参差的树冠和斑驳的色彩

是全球最大的生物基因库。据统计，全世界绿色开花植物约有25万种，其中有17万种分布在热带地区。热带雨林以其强大的环境影响与改造能力维系着地球的生态平衡，是陆地上最神秘、最复杂、最强大、最稳定、最重要的森林生态系统。热带雨林生物的多样性导致其群落结构的复杂性，这为研究热带雨林增加了很大难度。到目前为止，对热带雨林的研究远远不如对其他森林类型——如温带森林的研究深入透彻。

（二）热带雨林的特征

热带雨林在很多人的脑海里是一片树木繁茂、结构复杂、物种多样的丛林秘境。那么热带雨林到底有什么特征，什么样的森林才称得上是热带雨林呢?

1. 树木高大，种类繁杂

走进热带雨林，你首先会被众多高大的树木吸引（图2-2）。热带雨林中的大乔木高度通常可超过30米，个别高达40～60米，胸径一般为50～60厘米，具有2～3米胸径的巨树也不罕见。这些乔木多为典型的热带常绿树阔叶树，树皮色浅，薄而光滑，树干通直如柱，在近树梢处才有分枝，枝下干很高，在茎下部多生长有板状根。

热带雨林是名副其实的树木王国，在林内平均每公顷能找到胸径10厘米以上的乔木100～250种。海南热带雨林6公顷的样地可统计到树木700多种，而相比之下，处于温带地区的不列颠群岛总共只有植物1380种。不同种类的树木物候期各异，缺乏同步的生物节律，使得在热带雨林里全年的各个季节里都有植物在萌芽、落叶、开花、结果，所以在林冠顶上看到的永远都是参差的树冠和斑驳的色彩。

如果你尝试辨认热带雨林里的树木，会发现辨识难度比在温带森林里要高得多。因为热带雨林里的树木种类不但丰富，且不同种类高度混交，缺乏明显的优势种，通常在一棵树的四周，很难找到相同的树种（图2-3）。并且，在高大浓密的树冠下，花果和枝叶的细部特征难以看清，通常只能根据树形和树皮的特征来辨认。

▲ 图2-2　走进热带雨林，就犹如进入了由大树组成的迷宫（霸王岭）

▲ 图2-3　热带雨林里的植物高度混交，眼前的这几棵大树分别是不同的植物（霸王岭）

2. 结构复杂，藤本和附生植物繁盛

热带雨林分布在全球水热条件最优越的地方，吸引了众多物种在此繁衍生息，因此争取光照和生存空间的竞争变得异常激烈。热带雨林在垂直方向上形成了复杂的多层次结构，大自然似乎急于将茎和叶填满一切有用的空间（图2-4）。根据西非雨林的观测结果，仅有1%的光线能够到达地面。

▲ 图2-4　热带雨林里复杂的垂直分层结构　林兆茵/绘

复杂分层现象是热带雨林的一个重要特征。在海南，典型的热带雨林普遍分为5层，包含3个乔木层以及灌木层和草本层。上层乔木高25～32米，树冠形状一般近圆形，树种以喜湿的阳性树种为主，代表种为青梅、坡垒、蝴蝶树、荔枝、陆均松等。中层乔木高15～20米，以喜湿的中生性树种为主，代表种有厚壳桂、琼楠、栎、柯等。最下层乔木一般高3～10米，树冠呈锥形，常是最密集的一层，种类比较简单，大多是上层和中层乔木的幼树，还有喜湿的阴生或耐阴树种，如白茶、暗罗等。灌木层较为发达，除乔木层树种的幼苗外，主要由棕榈科植物构成，如轴榈、省藤等。地面草本层不发达，往往具有大型薄软叶片，代表种有山姜、柊叶、耳草属及一些蕨类植物。地面草本植物贫乏是热带雨林的一个普遍特征，雨林内的地面并不如传说那样不可通行。

热带雨林除了有比温带森林复杂得多的分层结构以外，还有大型的木质藤本和种类繁多的附生植物生长于其中，使林内结构的界限更模糊。木质藤本植物茎粗可达20厘米以上，茎长可达300米（例如，棕榈科省藤属植物）。大型木质藤本要借助乔木的支持才能登上树顶，它们从一棵树的树下爬到另一棵树的树顶，又倒挂下来，交错缠绕，好像一张张稠密的网（图2-5）。

▲ 图2-5　大量的附生和藤本植物把雨林编织成密不透风的网（吊罗山）

附生植物除蕨类与苔藓外，还有许多有花植物。它们依照附生部位的光照和水分（湿度）差异而分化为喜光与耐阴，旱生到湿生各种生态类型。附生植物附着在乔木、灌木或藤本植物的树干和枝丫上，仿佛给它们披上一件厚厚的绿衣，有的甚至附生在叶片上，形成“树上生树、叶上长草”的奇妙景观。

在阴湿的热带雨林下，不时可见一些形态奇异的花从土中冒出，它们没有叶子，有的小如牙签[例如，寄生鳞叶草（图2-6）]；有的硕大无比，直径可达到1米(例如，大花草)。这些花朵寄生在其他植物的根部，平常不可见，只有开花时才露出土壤，叫根寄生植物（图2-7）。热带雨林里植物之间的竞争真是从天上斗到地下。

▲ 图2-6　寄生鳞叶草的植株只有几厘米高（鹦哥岭）

▲ 图2-7　红冬蛇菰是海南热带雨林里比较常见的根寄生植物　袁浪兴/摄

3.动物多样，树栖动物占比高

繁茂的热带雨林能够为各种动物提供食物和栖息场所，使得那里成为地球上动物种类最丰富的地区。海南热带雨林国家公园面积占全国国土面积的比例不足0.05%，在其中生活的脊椎动物物种有627种，占中国脊椎动物物种数量的14.06%。如果只计算鸟类和爬行类动物，占比更是高达20%以上，种类更为庞杂的无脊椎动物更是难以尽述。

热带雨林里树栖动物占比很高，一些平时很少上树的动物如蛇类和青蛙，在这里也出现了生活在树冠层的种类。有些甚至进化出了滑翔的本领，如天堂金花蛇（飞蛇）、斑飞蜥（图2-8）、黑蹼树蛙（飞蛙）和毛耳飞鼠

（图2-9）。雨林里的兽类也跟植物一样有明显的垂直分布。长期生活于树冠层的有长臂猿、巨松鼠和鼯鼠等；既可以上树，也能在地面上行走的有云豹、果子狸、椰子猫等；生活于地面的有鹿、野猪、豪猪等；还有喜欢穴居的，例如，穿山甲和一些鼠类。

热带雨林里的动物通常体型较小，例如，生活在东南亚热带雨林里的亚洲象，个头就比非洲大草原上的非洲象小得多。热带雨林还有世界上最小的鹿——鼷鹿，体型跟兔子差不多。而野牛、水鹿等大型动物更喜欢在雨林边缘或稍开阔的河谷地区活动。热带雨林动物的另一特点就是种类多但单种个体较少，尤其是昆虫，找到一百种昆虫比找到一百只同种的昆虫可能要容易得多。

▲ 图2-8　海南雨林里常见的斑飞蜥

▲ 图2-9　毛耳飞鼠是会在林间滑翔的哺乳动物
米红旭/摄

（三）热带雨林十大奇观

1. 老茎生花

一簇簇的花、一串串的果开在或结在树木的大枝丫、粗大的树干上，有的甚至长在树干的基部上。这就是热带雨林特殊现象之一的“老茎生花”（图2-10）。从进化观点看，花在植物体上生长的位置是最能引诱和方便动物为其传粉的位置。热带雨林中，由于树冠层过于稠密，昆虫和其他动物传粉者主要在林冠下一定高度范围活动。老茎上生花无疑最能显露自己，使得传粉者最易触及（图2-11）。

▲ 图2-10　老茎生花的大果榕

▲ 图2-11　橙腹叶鹎正在饱餐火烧花的花蜜。花开树干上，避开稠密的树冠层，更有利于鸟类传粉

2. 板根现象

热带雨林丰沛的雨水产生的淋溶作用使得土层浅薄，土壤贫瘠，植物根系难以深植。为了适应这种环境，热带雨林里的高大乔木“另辟蹊径”，侧根向外延伸往更广更远处发展，吸收更多营养，形成巨大的侧翼，发育成垂直扁平的板状，同时也对树干起到支撑作用，大大增加了树木的稳定性，让树冠高大的植物能在狂风骤雨中站稳脚跟（图2-12和图2-13）。

▲ 图2-12　由尖叶杜英生成的竖板根（俄贤岭）

▲ 图2-13　由托盘青冈生成的横板根（霸王岭）

3. 独木成林

汉文学家崔骃有句话曰：“高树靡阴，独木不林”，意为树太高则没有阴凉之处，单独一棵树也成不了一片森林。在热带雨林里，恰恰相反。雨林中的一些榕树从茎干上长出许多下垂的不定根，吸收空气中的水分和养分，被称为“气生根”。气生根不断生长，扎入土壤后便开始吸收土壤的养分，迅速变粗，

起到了支撑作用，从而被称为“支柱根”。越来越多支柱根扎入土中，树生树、根缠根，远远望去像是一片郁郁葱葱的树林，这便是“独木成林”（图2-14）。

▲ 图2-14　能形成独木成林景观的大多是榕树类植物（鹦哥岭）

4. 新生红叶

从空中俯瞰雨林，你经常会发现在茫茫绿海中点缀着星星点点的红色，那并不是花朵，而是红色的树叶（图2-15）。热带雨林的很多植物，其新叶长出时是红色而垂下的，几天或几周后才逐渐变绿、变坚挺（图2-16）。而温带的树木如著名的枫叶和黄栌，是在秋季叶片衰老快脱落时才变为红色的。前者象征新生，后者意味衰老。

▲ 图2-15　海南高山云雾林的红叶主要是五列木的嫩叶（五指山）

▲ 图2-16　枫香树的嫩叶和老叶会呈现不同的红色

▲ 图2-17　巨叶植物在阴湿的沟谷里尤为常见，例如，图中的海芋、野蕉和桫椤（吊罗山）

5. 巨叶现象

热带雨林许多植物都具有巨大的叶片，有的大到可以容纳数人在叶片下避雨。巨大的叶片能捕捉到更多的阳光，一般认为这是热带雨林中下层植物适应弱光的结果。海南热带雨林林下层的天南星科、芭蕉科、竹芋科和姜科植物容易出现巨叶现象（图2-17）。

6. 滴水叶尖

热带雨林植物的叶片通常全缘、革质发亮，不少植物具尾状叶尖，水分顺着叶尖滴落，形成“滴水叶尖”（图2-18和图2-19）。热带雨林常年雨水充沛、空气湿润，叶片表面会结成一层水膜，影响蒸腾作用的发挥，也不利于进行光合作用，因此叶片“进化”出长长的“滴水叶尖”以利于叶面排水。

▲ 图2-18　线枝蒲桃的滴水叶尖

▲ 图2-19　山橙的滴水叶尖

7. 空中花园

热带雨林植物种类繁多、群落结构复杂，植物间的生存空间竞争激烈，因此许多附生植物选择在树干上栖身（图2-20）。但它们仅仅是借住，不对宿主造成伤害。它们住得高也有利于种子或孢子随风飞扬，直至找到下一个合适的“房东”。各种附生植物开花时，五彩斑斓的花朵在空中花园里花枝招展、争奇斗艳，构成了悬浮在森林中上层的“空中花园”（图2-21）。

▲ 图2-20　鸟巢蕨是海南热带雨林里最常见的附生植物（尖峰岭）

▲ 图2-21　这段树干上附生了两种兰花和一种球兰（吊罗山）

8. 植物绞杀

雨林里的“绞杀”现象是一种特殊的附生方式。常见的绞杀植物为桑科榕属的植物，它们的种子最初附生于乔木茎上，生出长长的气根沿寄主树干垂到地面，待插入土壤后，就会不断抢夺寄主植物周边土壤中的养分、水分。这些绞杀植物的气生根逐渐增粗后，会形成一个网笼，紧紧把寄主树的主干箍住，从而慢慢扼杀寄主植物，进而取代寄主植物的生存空间（图2-22和图2-23）。

▲ 图2-22　植物绞杀的发展过程　林兆茵/绘

▲ 图2-23　在这张图上可以看到绞杀的不同阶段（五指山）

绞杀植物和寄主植物的枝叶常交织在一起，难分彼此，因此常造成“在一株树上见到两种叶片”的假象。

9. 根抱石

有的树木看中了雨林里其他植物难以落脚的裸岩地带，依仗发达的气生根紧紧包裹在大石头上，并且支撑起了高大的树冠，这就是“根抱石”奇观（图2-24）。在海南，通常是鸟兽把榕树种子带到岩石上，随后树苗的气生根就绕石而生，因此“根抱石”也可以理解为植物对岩石的“绞杀”。

▲ 图2-24　根抱石景观（左图在俄贤岭，右图在五指山）

10. 粗大藤本

行走在热带雨林间，造型最奇特、姿态最醒目的当属大型藤本植物（图2-25和图2-26）。例如，猛龙过江的过江龙藤、形似扁担的茎花崖爬藤，在海南热带雨林国家公园中很常见。藤本植物喜阳，它们的叶片通常在冠层之上进行光合作用，在雨林下面只见各种巨大的藤茎游走缠绕在其他树木之间，不断朝着阳光的方向延展，藤缠树、树缠藤，连绵不断，千姿百态。

▲ 图2-25　买麻藤的粗大藤茎（五指山）　姜恩宇/摄

▲ 图2-26　扁担藤是“老茎生花”的粗大藤本

（四）热带雨林的功能及脆弱性

森林，为人类提供了丰富的物质来源，其中热带雨林提供的物资尤为丰富。主要农作物（例如，水稻、玉米、甘蔗）起源于热带雨林地区；主要热带水果香蕉、菠萝、杧果（俗称芒果）等也来自于此。重要的战略物资——橡胶源自巴西亚马孙河流域雨林的一个河岸树种。

热带雨林被誉为“世界上最大的药房”，例如，抗疟疾特效药奎宁是从热带植物金鸡纳树的树皮中提取的，中枢神经的兴奋剂可卡因从古柯树叶中提取，降压药利血平从萝芙木根提取。热带雨林还为人们提供了大量珍贵的木材，中国人世代钟爱的“红木”大多产自热带雨林，例如，著名的海南黄花梨就来自海南热带雨林。

热带雨林不仅是全球最大的生物基因库，还是碳素生物循环转化和储存的巨大活动库（图2-27）。热带雨林里茂密的树木在进行光合作用时，能吸收二氧化碳释放出大量的氧气，如同地球的大型“空气清净机”，因此被誉为“地球之肺”。热带雨林生产力高，物质循环强烈。在最适状况下，每公顷的总植物量为350～450吨，年总生产量每公顷120～150吨，其中有75%左右的有机产品当年被自身吸收消耗掉。雨林将碳储存在树木中，减缓气候变化，人们认为热带雨林至少能储存2500亿吨碳。然而，由于森林砍伐和退化，热带雨林的固碳能力正在下降。

▲ 图2-27　热带雨林巨木参天，是一个巨大的碳库，对地球碳循环有重要意义（五指山）

热带雨林也有脆弱的一面。热带地区降雨量大，台风、暴雨多，温度高，养分循环快，土壤淋溶作用强，土壤有机质的80%集中在表层50厘米范围内。一旦热带雨林被破坏，雨水极易引起水土流失，植物生长所需的有机物质随泥沙被冲走，很难恢复到原有的稳定结构和系统。

你能否想象在8000年前，地球的陆地约有一半被各种森林覆盖吗？与全球大多森林生态系统一样，热带雨林正在遭受前所未有的破坏。

工业时代以来，人们除了从热带雨林中取得珍贵木材以外，还在土地上种起了橡胶、油棕、咖啡、剑麻、香蕉等经济作物（图2-28～图2-30），或者开垦为饲养牛羊的牧场（图2-31）。由于人类无限度的开发利用，全球热带雨林面积锐减，仅剩下不足一半，并且这些剩下的热带雨林中，有三分之二已经破碎化。目前，全球热带雨林正在以每年1200万公顷的速度消失，其中，亚洲热带雨林消失最快，海南岛的热带雨林面积从1950年到2013年便减少了近87.5%。

▲ 图2-28　在云南西双版纳，不同海拔高度的热带雨林分别被香蕉、橡胶和茶叶等经济作物所替代

▲ 图2-29　毁林种植油棕（马来西亚）

▲ 图2-30　毁林种植香茅（缅甸）

▲ 图2-31　毁林放牧（柬埔寨）

随着大量热带雨林惨遭砍伐（图2-32）和生态孤岛化的蔓延，保护热带雨林也成为国际社会最为关心、最为迫切需要解决的生态问题之一，成为《生物多样性公约》关注的热点议题。

▲ 图2-32　我国使用的大型根雕原料有不少来自缅甸的热带雨林（云南腾冲）

二、世界的热带雨林

▲ 图2-33　美国奥林匹克国家公园的温带雨林　林十之/摄

温度和雨量是决定热带雨林分布的两个重要因素。除了欧洲和南极洲外，热带雨林在美洲、亚洲、非洲、大洋洲均有分布。热带雨林的现代分布一般仅局限于赤道南北纬度5°～10°的热带范围，但个别地区可延伸至赤道南北纬度15°～25°。据测算，全球曾经存在热带雨林15万公顷，现在仅存6万公顷左右，约占地球陆地表面的3.9%。热带地区以外也存在雨林，例如，在北美洲和俄罗斯就有温带雨林分布（图2-33）。

英国植物学家理查斯(P. W. Richaids)的专著《热带雨林》把全世界的热带雨林分为美洲雨林、非洲雨林和印度—马来雨林三大群系。

1. 美洲雨林群系

该群系面积最大，占全球热带雨林总量的一半，以亚马孙河河流为中心，向西扩展到安达斯山的低麓，向东止于圭亚那，向南达玻利维亚和巴拉圭，向北则到墨西哥南部及安的列斯群岛（图2-34）。其中，巴西是拥有最多热带雨林的国家。在美洲，豆科植物最具优势，凤梨科、仙人掌科、天南星科和棕榈科植物也十分丰富（图2-35），藤本植物和附生植物也特别多。热带经济作物如橡胶树、可可树等原产于这里。

在世界热带雨林中，亚马孙平原的热带雨林不仅面积最广，发育也最为充分和典型。南美洲热带雨林植物种类成分极其丰富，其中约1/3是南美洲特有种。

▲ 图2-34　美洲波多黎各的热带雨林　刘虹/摄

▲ 图2-35　凤梨科植物是美洲热带雨林的代表植物　刘虹/摄

2. 非洲雨林群系

非洲热带雨林面积占全球的27%，主要分布在刚果盆地，从赤道以南分布到马达加斯加岛的东岸及其他岛屿（图2-36）。非洲雨林的种类较贫乏，但有大量的特有种（图2-37）。其中，棕榈科植物尤其引人关注，如著名的经济作物——油棕；还有咖啡属种类也很丰富，全世界35种咖啡属中，非洲占了20种。在西非以楝科为优势种，豆科植物也具有一定优势。

▲ 图2-36　非洲乌干达的热带雨林　黄秦/摄

▲ 图2-37　山地大猩猩是非洲热带雨林的代表动物　黄秦/摄

3. 印度－马来雨林群系

印度－马来雨林包括亚洲和大洋洲的热带雨林，面积最小，仅占全球的20%。由于东南亚占有其中大面积的雨林，群系也可称为“亚洲雨林群系”

（图2-38）。亚洲雨林主要分布在印度尼西亚、马来西亚（图2-39）、巴布亚新几内亚、泰国、越南、印度等国，中国的热带雨林也属于这一区系。其特点是以龙脑香科为优势，具有高大的木本蕨类植物桫椤以及许多著名兰科附生植物，如蝴蝶兰和石斛。

▲ 图2-38　红毛猩猩是亚洲热带雨林里的代表动物　黄秦/摄

▲ 图2-39　亚洲马来西亚的热带雨林

三、中国的热带雨林

热带雨林在我国主要分布在云南、广西、广东、海南和西藏等省份，其中云南省的热带雨林面积最大，约占全国热带雨林总面积的一半（图2-40和图2-41）。

▲ 图2-40　云南省拥有我国面积最大的热带雨林（西双版纳，望天树）

▲ 图2-41　双角犀鸟是云南盈江热带雨林里的明星物种

我国的热带雨林分布在亚洲热带雨林区的北缘，面积总量并不大，仅占世界热带雨林面积总量的0.12%，约居世界第十八位。中国的热带雨林具有“过渡性”“复合性”特色，由于地处热带北缘并受季风影响，在种类组成和外貌结构上与赤道雨林有所区别。中国热带雨林东部与马来西亚植物区系相似，西部以印度－缅甸植物区系为主，西藏东南属印度－喜马拉雅植物区系。

中国热带雨林内镶嵌有亚热带植物区系的成分，加上热带北界曲折复杂的地理变化和东西部的气候差异，决定了中国热带森林生态系统的独特性及复杂性是世界其他地区所没有的。通常北回归线以内才分布有热带森林，但中国存在一系列北回归线以北的热带森林“飞地”，其中，西藏墨脱热带雨林的分布北限达到北纬29°，被誉为“全球最北”的热带雨林（图2-42）。这种高纬度热带森林生态系统结构复杂，物种丰富，景观独特，在世界上独一无二，极具科学价值，科学界称其为“宝地”。

▲ 图2-42　西藏墨脱拥有全球分布最北的热带雨林　李成/摄

四、海南的热带雨林

我国热带雨林的面积虽然不大，但不同区块之间距离较远，各地的热带雨林都独具特色。海南岛的热带雨林是中国分布最接近赤道的，雨林特征明显，是中国热带雨林的典型代表（图2-43）。海南热带雨林是亚洲热带雨林和世界季风常绿阔叶林交错带上唯一的“大陆性岛屿型”热带雨林，是我国分布最集中、保存最完好、连片面积最大的热带雨林，是我国热带生物多样性保护的重要地区，也是全球生物多样性保护的热点地区之一。

由于海南岛与大陆板块漂移离开时间相对较短（约6500万年，第四纪初期），经历多次与大陆的离合，既保留了大量的大陆区系成分，又发育出了自己的森林成分和群落结构。海南热带雨林既具有大陆型热带雨林特征，又有因地理隔离效应所形成的岛屿型热带雨林特征，属于中国稀少的植被地理与植物群落景观。

▲ 图2-43 海南岛的热带雨林是中国最靠近赤道的雨林，雨林特征明显（霸王岭）

海南热带雨林与赤道雨林不同的是，小型叶植物比例增加，中型叶植物比例减少，大型叶植物比例很低，这些特征与亚热带常绿阔叶林较为相似。这是因为海南岛地处热带北缘，属季风热带气候，干湿季明显，水湿条件不如赤道雨林。

海南岛热带雨林的生物多样性丰富，特有类群较多。植物方面，有6个海南特有属483个海南特有种，如海南油杉、海南菊、海南鹤顶兰和华石斛等（图2-44）。但与邻近岛屿相比，由于海南脱离欧亚大陆的历史较短，地理位置相距较近，海南的特有种占本岛物种总数的比例并不算高。特有植物仅占海南野生植物种数的11%，而中国台湾地区为28%，菲律宾群岛为76.5%。

▲ 图2-44 这两种漂亮的兰花都是海南特有的植物，左图海南鹤顶兰，右图华石斛

海南热带雨林里丰富多彩的动植物　张瑜/绘

第三章

自然资源篇：水热滋养，万物生机

一、自然地理

海南岛地形四周低平，中间高耸，形成以中部五指山（1867米）、鹦哥岭（1812米）为隆起的核心，从中间向四周逐级递降，依次由山地、丘陵、台地、平原组成的环形层状地形，梯级结构明显。海南岛大多数山脉海拔为500～800米，整体上是丘陵性低山地形。

海南热带雨林国家公园位于海南岛中南部山区，包括东支五指山山脉（五指山—马咀岭）、中支黎母岭山脉（黎母山—鹦哥岭—尖峰岭）和西支雅加大岭（南高岭—霸王岭—雅加大岭）的大部分区域，把海南多数高山大岭收纳其中，是名副其实的“海南屋脊”（图3-1）。海南的大河都发源于中部山区，然后向四周呈辐射状奔流入海，因此国家公园又有了“琼岛水塔”的美誉。国家公园的崇山大岭是海南原生热带雨林最后的庇护所，生物多样性特别丰富，是海南最主要的生态屏障，又被称为海南的“生态绿心”。

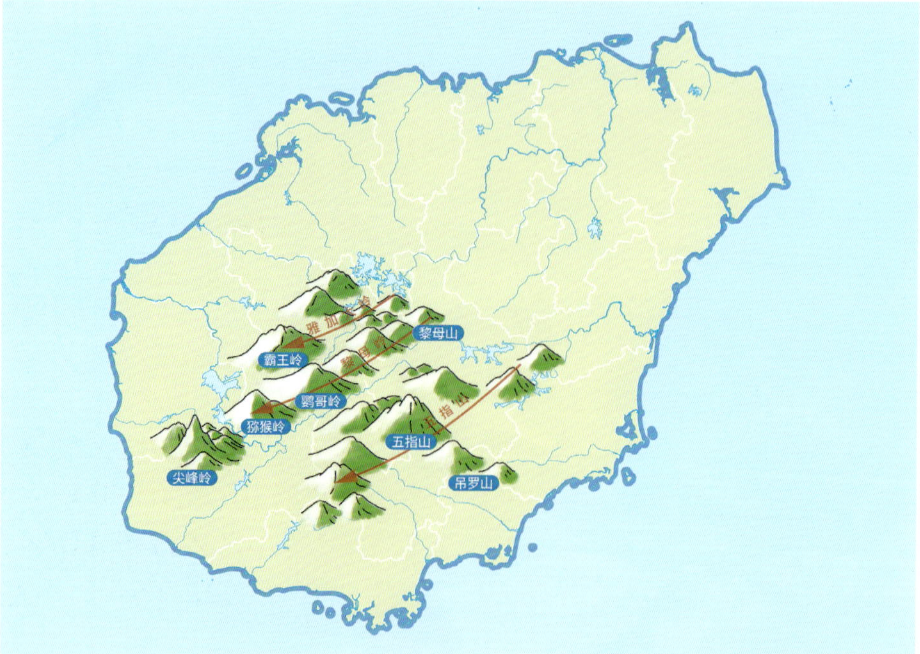

▲图3-1　海南岛几条主要山脉均为东北—西南走向，集中分布在中南部山区　林兆茵/绘

（一）地质地貌

海南岛在地质上处于太平洋板块、欧亚板块、澳-印板块的交汇处，地壳运动非常活跃。自地质史的中元古代以来，经历了多次大规模的地质构造运动，引起海南岛基底断裂，大量花岗岩浆侵入。在反复的升降运动之间，岩层向四周外倾，随中部地壳不断抬升，逐步形成层圈状的穹窿结构，这里是海南岛最为古老的陆地。

海南热带雨林国家公园内的三大山脉呈东北—西南方向平行排列，其中，海拔超过1000米以上的有81座，超过1500米以上的近10座。这些山地山体庞大、连绵成片、山势陡峻、气势磅礴，造就了层叠蜿蜒、奇特秀美的热带山地自然景观，其中还包括俄贤岭和仙安石林两处典型的热带喀斯特地貌（图3-2～图3-5）。在这些大山之间，又夹杂着河流、峡谷、盆地、湖泊等地貌景观。

▲ 图3-2 从鹦哥岭眺望五指山 王合升/摄

▲ 图3-3 五指山海拔1867米，是海南最高峰 姜恩宇/摄

▲ 图3-4 在五指山顶峰上可以看到裸露的花岗岩山体

▲ 图3-5 俄贤岭是海南最大的石灰岩山体

（二）气候

整个海南岛位于北回归线以南的低纬度区域，属于热带海洋性季风气候，冬季吹偏北风，夏季吹偏南风。海南岛气候特点是太阳辐射强、日照时间长、昼长变化小、光照充足、气温高，年平均气温在22.5～26.0℃。季风使夏季和秋季雨量特别充沛，冬季和春季雨量相对较少，8月中旬至10月下旬台风高发，伴随狂风暴雨（图3-6）。中部高耸的三大山脉在夏天挡住了太平洋吹来的暖湿季风，冬季则抵挡了东北季风送来的寒冷气流。以五指山为中心，东侧湿而西侧干，南侧暖而北侧寒。

▲ 图3-6　台风是海南最主要的自然灾害之一，2014年超强台风“威马逊”造成霸王岭原始森林多处泥石流和滑坡

（三）水系

海南岛的地势中间高、四周低，各种走向的大小断裂星罗棋布。河流从中部山区起源，顺着断裂发育出河谷，呈放射状向四周流入大海（图3-7）。由于地形被山地切割得较为零碎，全岛独自奔赴大海的河流有150多条，它们极少联系和汇合，所以海南岛没有形成一个统一的水系。南渡江、昌化江、万泉河为海南岛的三大河流，这三大河流的流域面积占全岛面积的47%。

海南岛陆地面积不大，河川径流较短，放射性水系源自穹窿山地，具有河段坡陡的显著特点。受地形和季风气候的影响，中部山区暴雨强度大，洪峰高，历时短，洪水涨率大，洪水期流量比枯水期流量高达数千倍（图3-8）。河水的冲蚀使地表起伏更大，为大量瀑布的形成提供了良好条件。国家公园内以位于东南部的吊罗山片区的瀑布景观最为著名，号称“海南第一瀑”的枫果山瀑布群就在那里。

▲ 图3-7　海南岛的河流大多发源于中南部山区，呈放射状向四周分流入海　林兆茵/绘

▲ 图3-8　河流枯水期与洪水期流量的对比，可见水量变化之剧烈（霸王岭）

中部山区拥有丰富的水资源，被誉为“琼岛水塔”。纵横蜿蜒的山川河流，静如明镜的山区水库和似玉如银的高山瀑布共同组成了海南热带雨林国家公园动静相宜、灵动俊逸的水文景观（图3-9和图3-10）。

▲ 图3-9 大广坝水库与俄贤岭组成了海南最为壮美的湖光山色

▲ 图3-10 热带雨林是海南最重要的水源涵养地（五指山） 陈庆/摄

（四）植被

海南岛中部高、四周低的环形阶梯状地形结构也影响着海南的植被分布。中部山区的热带森林生态系统在水平地带性上有季雨林和热带雨林；在垂直地带性上，从低海拔向高海拔依次形成了低地雨林、山地雨林、小面积针叶林和高山云雾林等多样化的植被类型，拥有完整的植被垂直带谱（图3-11）。

低地雨林和山地雨林作为海南热带森林的典型代表，动植物种类组成极为丰富，森林结构十分复杂，蕴藏着丰富多样的生物类群、复杂的生态特性与生命过程，对保护中国乃至世界生物多样性及维护区域生态平衡具有非常重要的作用。

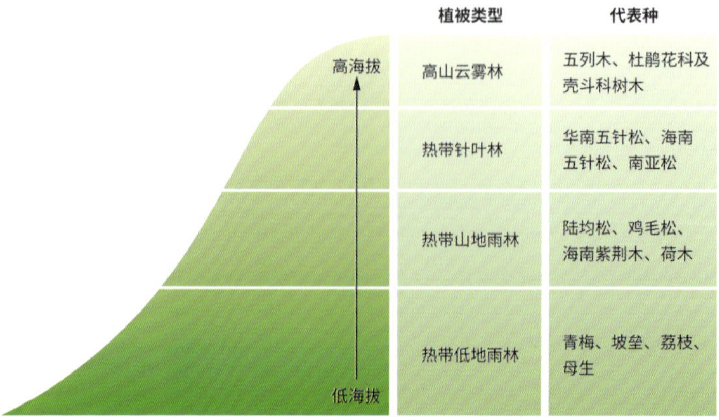

▲ 图3-11 海南岛植被类型与海拔变化的关系 林兆茵/绘

海南热带雨林国家公园涵盖了海南部分季雨林和大部分热带雨林，国家公园的热带雨林主要以中部地区的五指山、鹦哥岭为中心，往东南方向的吊罗山，西南方向的佳西、尖峰岭，西向的霸王岭和北向的黎母山等区域辐射。

当海南中部山区复杂的山地地貌、热带雨林生态系统与热带海洋性季风气候条件相融合时，海南热带雨林国家公园如此独特、多样化的宝贵景观资源便自然天成（图3-12）。

◀ 图3-12　尖峰岭离海边只有20多千米的距离，海拔却提升了1400多米，植被垂直谱带显著

1. 热带低地雨林

低地雨林主要分布在中部山区海拔800米以下，是国家公园植被中湿润性和常绿性最强、雨林的各种特征最明显的一种森林群落，是热带雨林中最典型的植被类型（图3-13）。代表种有青梅、坡垒、荔枝、母生等，裸子植物不多见。在低地雨林中，最容易观察到板根、老茎生花、木质藤本等雨林奇观。

▲ 图3-13　热带低地雨林外貌（尖峰岭）

2. 热带山地雨林

山地雨林是海南岛热带森林植被中面积最大、分布较集中的垂直自然性植被类型，分布海拔为700～1300米。群落外貌基本全年常绿，群落组成以热带山地常绿性阔叶树为主，裸子植物开始起特征种的作用，主要代表种有

▲ 图3-14　热带山地雨林外貌（尖峰岭）

陆均松、鸡毛松、海南紫荆木、荷木等（图3-14～图3-16）。

随海拔升高，植被逐步向高山针叶林过渡，在垂直分布带的上部开始有针叶林散生，形成针阔叶混交林。由于林冠比低地雨林稀疏，板根、茎花、木质藤本和棕榈科植物等雨林特征也逐步减少，蕨类和苔藓植物变得繁茂，裸子植物和竹类变多，亚热带和温带的植物科、属比例增大。

▲ 图3-15　热带山地雨林内貌（霸王岭）

▲ 图3-16　热带山地雨林内貌（霸王岭）

3.热带针叶林

热带针叶林现在比较稀少，多散生于阔叶林内，很少构成纯林，主要分布在佳西、鹦哥岭、五指山和霸王岭等海拔1200米以上的高山上，其中，以佳西的华南五针松林最为连片和典型（图3-17和图3-18）。在霸王岭中低海拔地带还有颇为特别的南亚松林。资料显示，南亚松历史上在海南自然分布范围应该更广，曾广泛存在于西部滨海台地的儋州市、昌江黎族自治县（简称昌江县）一带。

4.高山云雾林

高山云雾林分布于海拔1300米以上的峰顶，以五指山、鹦哥岭和霸王岭的面积较大，多出现于孤峰和山脊地形，生境开朗，风大且蒸发强，温度低而温差大，云雾多而湿度大，植物群落矮小弯曲、林冠稀疏，代表种有五列

▲ 图3-17　热带针叶林外貌（佳西）

▲ 图3-18　热带针叶林内貌（鹦哥岭）

木、杜鹃花科及壳斗科树木（图3-19和图3-20）。

由于林内湿度大，附生的苔藓、地衣极其丰富，布满地面，可顺着树干一直蔓延到枝叶之上。这个生境中很难看到裸露的地表，置身其中宛如漫游仙境。云雾林生长的地方山高林密，人迹罕至，可谓“世界上被研究最少的森林”，是多种珍稀濒危动植物最后的庇护所，如海南瑶螈和鹦哥岭树蛙都生活在这里。

▼ 图3-19　高山云雾林外貌（五指山）
▶ 图3-20　高山云雾林内貌（五指山）

二、植物王国

热带雨林是公认的植物王国，由于海南热带雨林国家公园范围广、生境多样、自然地理条件复杂，要想盘点园内植物的家底并非易事。

海南热带雨林国家公园近期的专项研究表明，园内共有野生维管束植物3653种，其中海南特有植物419种（图3-21）。海南岛共计有4579种野生维管束植物，园内维管束植物种类占全岛的79.78%。

▲ 图3-21　海南豆蔻是2018年发表的植物新种，它们生长在荫蔽的热带雨林沟谷里

（一）珍稀濒危植物

1.海南岛的珍稀濒危植物

海南岛作为中国最大的热带岛屿，其物种多样性的地位毋庸赘述。杨小波等人较新的研究（杨小波等，2016）结果显示：海南岛特有植物483种，隶属于93科267属；海南岛珍稀濒危植物共有512种，隶属于83科254属。

2021年版《国家重点保护野生植物名录》收录海南分布的维管束植物共计173种。其中，国家一级重点保护野生植物有11种，国家二级重点保护野生植物共计162种。

被《IUCN濒危物种红色名录》收录的种类有85种，主要包括：灭绝(EX)2种——爪耳木和缘毛红豆，极危(CR)10种，濒危(EN)18种。被《中国物种红色名录》收录的种类有491种，主要包括：灭绝1种——爪耳木，极危58种，濒危124种。

2.海南热带雨林国家公园的珍稀濒危植物

最近的调查结果显示：海南特有植物方面，园内共计419种，占全岛特有植物的86.75%（图3-22）；珍稀濒危植物方面，园内共计77科231属460种，包括蕨类植物11种、裸子植物25种和被子植物424种，占全岛珍稀濒危植物的89.84%。

海南热带雨林国家公园被《国家重点保护野生植物名录》收录的维管植物共计149种。其中，国家一级重点保护野生植物6种，约占全省的54.55%；国家二级重点保护野生植物143种，约占全省的88.27%。

海南热带雨林国家公园的建立，为海南岛绝大多数的珍稀濒危植物提供了庇护的场所，也为科研人员提供了良好的科考条件。近年随着科考力度不断加大，陆续有新的物种在国家公园被发现，如吊罗山薹草、尖峰岭马兜铃、尖峰岭胡椒、海南豆蔻、五指山秋海棠、道银川藻、昌江盆距兰、黎氏兰等。

海南热带雨林国家公园永远充满神秘而未知的色彩，它在保护的前提下，等着人们去探索和发现。

▲ 图3-22　海南紫荆木（左）和海南油杉（右）都是海南特有的国家二级重点保护野生植物，它们都生长在海南的热带雨林里

（二）明星植物档案

桫椤科

Cyatheaceae

保护级别：全科植物为国家二级（除粗齿桫椤外）

何处可见：几乎海南热带雨林国家公园所有栈道、道路边都能欣赏到桫椤优美的身姿。

明星气质：桫椤曾是恐龙时代地球上最繁盛的植物，历经了上亿年的地质变迁和岁月更迭。现今，在中国分布的桫椤有10余种，海南岛有6~7种（不同研究结果略有差异），具有极为重要的科学研究价值。海南岛的桫椤多出现在低地雨林、山地雨林的林缘和山谷溪边。其树形像棕榈科植物，主茎粗壮、没有分支，高耸直立，亭亭如盖（图3-23）。作为现存最大的蕨类植物，桫椤不会开花结果，但留心观察，你会在成熟的叶片背面发现排列整齐且呈褐色颗粒状的孢子囊群，这就是桫椤的下一代。

▼ 图3-23　桫椤拥有棕榈植物般的伞形树冠，别具热带风情

苏铁科

Cycadaceae

保护级别：全科植物为国家一级

何处可见：吊罗山的枫果山瀑布边崖壁上可见到海南苏铁。

明星气质：苏铁是地球上现存最古老的种子植物，早在2.8亿年前的二叠纪就已出现，但第四纪冰川期（距今250万年）的到来让大量苏铁灭绝，仅有部分幸存。苏铁可谓“植物界的大熊猫”，我国现存苏铁有20余种。由于生境破坏和人为采挖，苏铁正受到极大威胁。海南岛的苏铁主要分布在低地雨林、山地雨林的林下灌丛或石头缝中。苏铁树干呈圆柱形，大多直立生长，偶有扭曲。其叶片像棕榈科植物，集中生长在树干顶部，幼叶的叶轴及小叶呈拳卷状，非常可爱（图3-24）。古人常用“铁树开花”来比喻千载难逢的事，但在海南，成年苏铁开花是较为普遍的现象（图3-25）。苏铁属雌雄异株植物，通常在3~5月开花，9~10月结果，雄花好像尖尖的火箭头，雌花如同未盛开的雪莲，而成熟的种子像极了一窝鸟蛋。

▲ 图3-24 苏铁科植物树形优美，深受人们喜爱，因此几乎遭受灭顶之灾，成为国家一级重点保护野生植物

▲ 图3-25 在原产地，“铁树开花”并不罕见。图为海南苏铁的雄花 袁浪兴/摄

华南五针松

Pinus kwangtungensis

保护级别：国家二级

何处可见：在海南主要分布在中部山区高海拔地带，比较少见。五指山登山栈道上大名鼎鼎的“迎客松”就是它（图3-26）。

明星气质：作为中国特有的松科植物之一，华南五针松在海南分布狭窄，是热带针叶林的代表树种，种群数量稀少，亟须加强保护。在山地雨林和山顶云雾林中，华南五针松占据优势，常会形成纯林。其树形高大挺拔，枝干遒劲，姿态优美（图3-27）。针状叶5针一束，较粗短。老树树皮褐色，呈不规则鳞状开裂。花期4～5月，球果翌年10月成熟，球果圆柱状长圆形。

▲ 图3-26　五指山登山栈道上的“迎客松”就是华南五针松

▲ 图3-27　华南五针松苍劲有力的枝干（鹦哥岭）

陆均松

Dacrydium pectinatum

保护级别：海南省级保护

何处可见：留心观察，几乎所有片区海拔700米以上的道路两边及栈道边都可以见到它们高大的身影。吊罗神树和霸王岭树王都是陆均松。

明星气质：陆均松常生长在山脊，是山地雨林的指示种和建群种，在热带雨林的生态系统中具有重要的作用。陆均松树形高大（图3-28），材质优良，曾是海南主要的商业采伐树种。陆均松叶形为钻形或鳞片状，螺旋状排列成柱状。花期为3～4月，果10～11月成熟。

▲ 图3-28　陆均松树干粗壮，是山地雨林里的“大个子”

鸡毛松

Dacrycarpus imbricatus

保护级别：海南省级保护

何处可见：几乎所有片区海拔700米以上的道路两边及栈道边都可以见到鸡毛松的身影。

明星气质：鸡毛松多见于山谷，与陆均松同为山地雨林的指示种和建群种。作为罗汉松科的"姐妹花"，它们都是雨林里最高大的树木之一（图3-29），又同样因为材质优良，曾是海南主要的商业采伐树种。两者经常长在一起，但外形颇容易区分：陆均松叶形为钻形或鳞片状，螺旋状排列成柱状；而鸡毛松虽然也有螺旋状排列的鳞片状叶片，但还有另外一种条形叶片，两列平面状排列，形似鸡毛。花期为3～4月，果期10～11月。

图3-29　鸡毛松高挑挺拔，是山地雨林里的"高个子"

花枝
袁浪兴/摄

石碌含笑

Michelia shiluensis

保护级别：国家二级

何处可见：在吊罗山天湖景区的后山栈道可欣赏到它们美丽的身影。

明星气质：石碌含笑是海南岛特有的濒危树种，数量稀少，具有较高的保护和研究价值。其树形优美，叶革质，倒卵状长圆形，叶面深绿色亮泽，叶背粉绿色（图3-30和图3-31）。花较大，呈杯状，花色洁白雅致，芳香怡人，观赏性极佳。花期4～5月。

▶ 图3-30　植株　袁浪兴/摄
▼ 图3-31　果枝　袁浪兴/摄

似小米一般大小的花
袁浪兴/摄

鹦哥岭川苔草

Cladopus yinggelingensis

保护级别：国家二级

何处可见：目前仅在鹦哥岭南渡江和昌化江上游河段的溪流里被发现，但据专家估计，它的分布应该更广。如果你在国家公园里其他片区发现它们，将是很有价值的科学记录。

明星气质：鹦哥岭川苔草是2016年才被命名发表的新物种，属于川苔草科植物。这个科是被子植物中的“小矮人”，它们大多体小如苔，不仔细观察很难发现（图3-32）。此外，它们的生活史也很有趣，为适应在水里的生活，它们雨季淹没在水里，待旱季露出水面时才会开花结果。鹦哥岭川苔草紧贴于岩石表面生长，深绿色的根呈宽带状，干燥时会变白，微小叶簇生于根的连接部（图3-33）。单花顶生。果实球状呈褐色。花果期2～4月。鹦哥岭飞瀑草的生长需要洁净的水质，对河流水文水质的变化更为敏感。

▼ 图3-32　鹦哥岭川苔草是植物中的“小矮人”　袁浪兴/摄

▼ 图3-33　匍匐在溪流岩石上生长的植株　袁浪兴/摄

土沉香

Aquilaria sinensis，又名白木香

保护级别：国家二级

何处可见：在国家公园周边社区民居附近多能见到栽培的土沉香，但野外几乎无大树，只能偶尔见到小苗。

明星气质：土沉香为世人所知不是因为木材，而是因为“沉香”。土沉香的木材洁白细嫩，在没有受伤之前，一无是处，被称为“白木”。但当树身受伤，真菌入侵后，“白木”开始发生变化，逐渐形成富含油脂的“格”，即为“沉香”（图3-34），摇身一变，价值千金。沉香是名贵的香料，野生土沉香因此几乎遭受了灭顶之灾，亟须加强保护（图3-35）。土沉香四季常绿，树高5～15米，树皮暗灰色。叶片呈倒卵形。花朵黄绿色。果实卵球形。花期春夏季，果期夏秋季。

▼ 图3-34　剔除“白木”后得到的“沉香”

▶ 图3-35　野生土沉香因为能产出沉香而招致杀身之祸

斯里兰卡天料木

Homalium ceylanicum，又名红花天料木

花枝
袁浪兴/摄

保护级别：海南省级保护

何处可见：广布于国家公园各大片区的山谷溪边，特别推荐位于霸王岭雅加山庄“天道”旁的“红花天料木之王”，曾入选“中国最美古树”。

明星气质：斯里兰卡天料木在海南俗称为“母生”，因为主干被砍后会萌生出多个新枝干而得名（图3-36）。“母生”之所以广为人知，还因为它的木质优良，是海南五大特类木材之一。其树形直立高耸，树皮粗糙斑驳，树干分枝点高，枝干通常平展（图3-37）。叶椭圆形。花粉红色或白色。花期4~6月，果期6月至翌年2月。

▼ 图3-36 “母生”因为树头上容易萌生出很多枝条而得名

▶ 图3-37 “母生”的主干高且直，分枝横展，树形很有特色 陈庆/摄

龙脑香科

Dipterocarpaceae

保护级别：海南热带雨林国家公园内的龙脑香科植物有坡垒和青皮两种，坡垒为国家一级，青皮为国家二级。

何处可见：坡垒（图3-38）和青皮（图3-39）在海南热带雨林国家公园各片区广布。其中，青皮在吊罗山野外科普教育基地的路旁有不少；坡垒在黎母山万泉河源头栈道边可见。

明星气质：龙脑香科植物是热带雨林的重要组成物种，也是东南亚热带雨林的指示物种。曾有苏联专家认为中国没有真正的热带，但1974年在西双版纳发现了龙脑香科植物望天树便打破了这个妄断。龙脑香科植物树形高大，树干通直，材质优良，是著名的用材树种。四大名香“沉檀龙麝”中的“龙”指的就是龙脑香（冰片），具有很高的医药和文化价值。龙脑香科植物四季常绿，树脂芳香。其果实有一对“长长的翅膀”，夏秋季节果实成熟时，随风从高处旋转下落，轻盈而优美。

▲ 图3-38　坡垒的果枝

▲ 图3-39　青皮的果枝

海南梧桐

Firmiana hainanensis

保护级别：国家二级

何处可见：几乎所有片区的栈道或道路边都能欣赏到它们优美的身姿。

明星气质：说起梧桐，人们可能首先想起的是“一句梧桐美，种满金陵城”的南京“梧桐大道”。但南京的“梧桐”并非产自中国，而是引种栽植的法国梧桐。在中国传统文化中，梧桐是祥瑞的象征，常和凤凰联系在一起——“梧桐茂兮，凤凰来栖”。海南梧桐作为海南特有的梧桐科植物，枝叶已繁茂，正期待着远方的凤凰（图3-40）。每年4月盛花期，满树繁花的海南梧桐在苍翠的雨林中点缀出片片粉色，非常迷人。

图3-40　海南梧桐可以生长出大板根

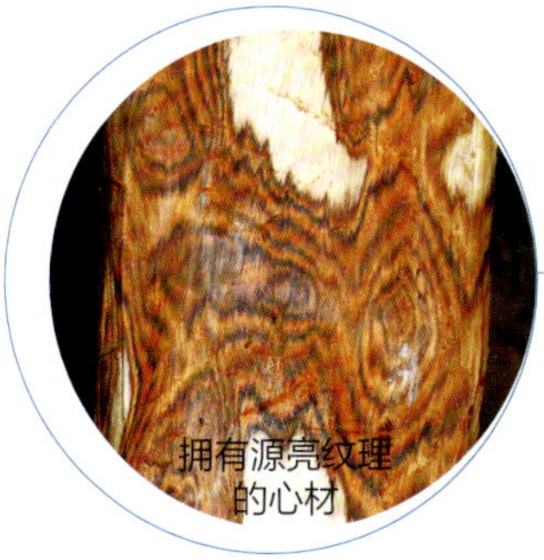

降香黄檀

Dalbergia odorifera

保护级别：国家二级

何处可见：在海南热带雨林国家公园周边社区民居附近和道路两旁多能见到栽培的降香黄檀，但在野外，连树苗都难得一见。

明星气质：降香黄檀可能不如别名“海南黄花梨”有名，它是海南特有的树种，作为著名的一种红木，自古就是皇室用材。此外，“降香”还是一味传统的中药。由于价格奇高，野生降香黄檀已经难觅踪迹，亟须加强保护。降香黄檀属于落叶乔木，芯材为红褐色。花淡黄色或乳白色，花小而芳香（图3-41）。荚果舌状长圆形（图3-42）。花期4～6月，果期7月至翌年2月。

▼ 图3-41　花枝　袁浪兴/摄

▶ 图3-42　果枝　袁浪兴/摄

见血封喉

Antiaris toxicaria

保护级别：海南省级保护

何处可见：数量颇多，一些黎村苗寨边常可见。在霸王岭白石潭景区路边有一株高大的植株。

明星气质：见血封喉的乳汁具有毒性，碰到动物流血的伤口会迅速导致其心脏停止跳动，令动物死亡。作为剧毒之物，见血封喉常常令人闻风丧胆。尽管如此，黎族先民还是善于利用这种剧毒的树木，将其树皮制成树皮布，还将树汁涂在箭头上用于狩猎。见血封喉属于落叶乔木，大树具有板根，树皮灰色，小枝幼时有棕色的柔毛（图3-43和图3-44）。叶倒卵形，边缘具锯齿。核果梨形，成熟时鲜红色至紫红色。花期3～6月，果期5～6月。

▲ 图3-43　霸王岭白石潭景区的见血封喉

▲ 图3-44　生长在村口作为“风水树”的见血封喉

榕属

Ficus

保护级别：无

何处可见：海南的榕属植物非常丰富，是海南热带雨林国家公园里最容易看到的植物之一。

明星气质：常说的“榕树”是榕属植物的统称，是热带最常见的植物之一，遍布热带地区的各个角落，热带雨林里发生的很多有趣现象都跟它们相关，比如，老茎生花、“绞杀”、独木成林的主角都是榕属植物（图3-45～图3-47）。此外，榕属植物因果实香甜可口，故成为食果动物不可或缺的食物来源。相关研究表明，热带地区约有1274种鸟类和哺乳动物以260种榕属植物为食。其实，人类也是榕属植物的采食者。无花果、薜荔（凉粉果）就是最美味榕果的代表，粗叶榕（五指毛桃）的根则是岭南人美味的汤料。一年四季都有不同的榕树在开花结果。

▲ 图3-45　榕树的绞杀（霸王岭）

▲ 图3-46　榕树的板根（尖峰岭）

▲ 图3-47　榕树的独木成林景观（五指山）　姜恩宇/摄

野生荔枝

Litchi chinensis var. *euspontanea*

保护级别：国家二级

何处可见：用心观察，在海南热带雨林国家公园大多数栈道上都能找到野生荔枝的身影。其中，霸王岭白石潭景区可见到树高超过20米、胸径1米以上的荔枝树。

明星气质：很多人可能会有疑问，为什么野生荔枝值得推荐，是因为它好吃么？没错，野生荔枝是栽培种荔枝的原生种，对于海南长臂猿、海南鼯鼠、巨松鼠、果子狸等以野果为食的动物来说，野生荔枝树就是它们的餐厅（图3-48）。此外，野生荔枝还是优良用材，是海南五大特类木材之一（图3-49）。野生荔枝跟栽培荔枝没太大区别，只是个头小，果核大，味道酸。花期春季，果期夏季。

▼ 图3-48 野生荔枝是栽培荔枝的原生种

▶ 图3-49 野生荔枝通常会长出巨大的板根 陈庆/摄

伯乐树

Bretschneidera sinensis

保护级别：国家二级

何处可见：仅分布于鹦哥岭片区马或岭，需向海南热带雨林国家公园申请同意后才能进入。

明星气质：伯乐树于2003年首次在海南被发现，鹦哥岭因而成为该种在我国的最南分布点。它还是单科单属种，具有重要的科研价值。伯乐树是落叶乔木，树皮灰褐色，新鲜的树皮带有番木瓜的气味。花淡红色（图3-50）。果椭圆球形。花期为3～5月，果期5月至翌年4月。

▲ 图3-50　花枝和嫩叶　符才会/摄

苦苣苔科

Gesneriaceae

保护级别：无

何处可见：在园区多条栈道边的石头、树干上容易看到鲜艳的红花芒毛苣苔、素雅的吊石苣苔和线柱苣苔；在溪流边石壁上用心观察，也不难发现迷你可爱的盾叶苣苔；在昌江王下乡，海南特有的昌江蛛毛苣苔就在公路边的石壁上。

明星气质：苦苣苔科植物大多株形饱满，花大色艳，是很重要的花卉种质资源，为广大植物爱好者所喜爱。海南约有25种苦苣苔科植物，虽不算丰富，但其中昌江蛛毛苣苔（图3-51）、扁蒴苣苔、黄花马铃苣苔、盾叶苣苔（图3-52）等9种为海南特有，极具科研价值。苦苣苔科植物常为多年生草本，稀灌木状，大多附生在石头上、树上，也有生长在林下荫蔽处的（图3-53）。多数花期6~9月，3~4月也有一些种类开花。

▲ 图3-52　盾叶苣苔是海南特有植物
袁浪兴/摄

▲ 图3-51　昌江蛛毛苣苔仅分布在国家公园俄贤岭区域
◀ 图3-53　吊石苣苔

姜科

Zingiberaceae

保护级别：海南豆蔻、茴香砂仁为国家二级

何处可见：姜科植物是海南热带雨林国家公园内最容易见到的植物之一。3～4月在低海拔道路边，常能看到草豆蔻顶端挂满簇簇鲜花。有一些姜科植物常年不见花，它们其实是很“害羞”地把花开在地面。如果我们俯身观察，就不难发现红艳的“红茴砂”、白纱一样的“长柄豆蔻”以及仙子般的“大豆蔻”。在海南热带雨林国家公园周边用餐，你会发现餐桌上的“雷公笋”（闭鞘姜），白切鸡调味料里的“沙姜”（山柰）都是姜科植物。

明星气质：作为热带雨林最常见的林下植物，姜科不仅植株形态美丽，花朵大多数也是美艳异常，如草豆蔻、郁金等都是极具观赏性的植物。此外，姜科多个种类的植物，常被作为野菜、调料为大众所熟悉，如闭鞘姜、姜、山柰。作为药用植物，姜科也扮演着重要的角色，“四大南药”中的益智、砂仁也是姜科家族的成员。海南约有45种姜科植物，多集中在溪流边，还有林窗中，其中海南假砂仁、海南豆蔻等为海南特有种。姜科植物属于多年生草本植物，叶子通常2行排列，地下有根状茎，具有芳香气味（图3-54～图3-56）。花通常为圆锥花序、穗状或者总状花序，花左右对称，多数颜色鲜亮，果为蒴果。海南姜科不同属的植物花果期不一，多数3～4月，少数7～8月。

▶ 图3-54　大豆蔻

▲ 图3-55　草豆蔻（左）；长柄豆蔻（右）

▲ 图3-56　疣果豆蔻（左）；假益智（右）

海南龙血树

Dracaena cambodiana

保护级别：国家二级

何处可见：在海南热带雨林国家公园内绿化带多有栽培，野外种群在仙安石林、俄贤岭和尖峰岭低海拔地区较易见到。

明星气质：海南龙血树株形优美，常被用于园林观赏。在三亚南山，有许多树龄百年的海南龙血树，被称为“南山不老松”。海南龙血树还和名贵药材“血竭”有关。人们常说的“血竭”大致可分为“龙血竭”和“麒麟竭”。“龙血竭”主要来自非洲，由龙血树产生；而“麒麟竭”主要来自印度尼西亚和马来西亚，由棕榈科植物产生。1500多年来，中国长期进口这两种来源的“血竭”，直到19世纪70年代，蔡希陶老先生在云南发现剑叶龙血树，才扭转了这一局面。后来，研究发现海南龙血树也可能产生同样的“龙血竭”。海南龙血树分枝多，幼枝有环状叶痕。叶呈剑形，集生于枝干顶端，互相套叠。花绿白色或淡黄色（图3-57）。浆果红色（图3-58）。花期3～5月，果期7～8月。

▲图3-57 花 袁浪兴/摄

▶图3-58 果枝 陈庆/摄

兰科

Orchidaceae

保护级别：美花兰、兜兰属植物为国家一级；金线兰属植物、兰属植物（除兔耳兰、美花兰外）、石斛属植物、血叶兰、海南鹤顶兰、火焰兰为国家二级；其他类群为海南省级保护。

▲ 图3-59　生长在溪流边的高斑叶兰

何处可见：当你进入海南热带雨林国家公园，你可能会被路两边的崇山峻岭、参天大树及壮美瀑布所吸引，但当你在路边、草坪、溪谷驻足休憩，仔细欣赏周边美景时，你可能就有机会看到各式各样的兰科植物，比如，草坪上其貌不扬的“草坪三宝”——绶草、线柱兰、美冠兰；溪沟边的海南鹤顶兰和高斑叶兰（图5-59）；崖壁上、大树上的石豆兰属、羊耳蒜属、石斛属（图5-60）等不同的附生兰花。此外，如果你突然发现林下长着一些不见叶片只见花的兰花，那恭喜你幸运地遇到了兰科中的“另类”——腐生兰，如无叶兰、虎舌兰、锚柱兰等。

明星气质：兰科作为被子植物中种类最为丰富的科，有28000多种。它们不仅种类丰富，形态也是多种多样。兰科植物是热带雨林重要的组成部分，分布于各种不同的生境（图3-61）。在竞争激烈的环境和漫长的进化过程中，它们也“学会”了十八般武艺。为了生存，兰科植物开疆拓土，从地上到石头上，再到树上，都能生长。从有叶子的，到仅有附生根的，再到全腐生的，兰科植物的生存方式更是多种多样。兰科植物也跟人类生活息息相关，它们中除了很多具有观赏性，也有不少是药物和香料，这些观赏和药用价值让它们的生存颇受威胁，导致兰科植物大量减少。当你在热带雨林里遇到兰花时，请静静地欣赏它们，不要把它们带走，也不要购买野生兰花的植株或者制品。兰科植物都属于保护植物。海南约有300多种兰科植物，其中，海南鹤顶兰、昌江盆距兰等为海南特有种。兰花植物虽然外貌变化多端，但都拥有相似的花部结构，花主要由3枚萼片、3个花瓣及合蕊柱构成，花朵左右对称。全年几乎都可以碰见开花的兰科植物，不过花期更为集中在3～6月。

▶ 图3-60　附生在大树上的美花石斛

▼ 图3-61　生长在山顶悬崖上的美花兰

三、动物世界

海南热带雨林国家公园包含了原5个国家级自然保护区和4个省级自然保护区。综合原来各个保护区的资料分析，园内共记录陆栖脊椎动物540种，其中，海南特有动物23种。海南热带雨林国家公园面积占全国国土面积的比例不足0.05%，但单位面积上承载着较大的脊椎动物物种比例，记录的脊椎动物物种占中国脊椎动物物种数量的14.06%，其中，鸟类和爬行类更是达到20%以上。

海南长臂猿是海南热带雨林的旗舰物种，作为物种代表出现在海南热带雨林国家公园的标识上。目前，这种海南特有的长臂猿仅存5群35只，它们全部生活在海南热带雨林国家公园的霸王岭片区。对于其他海南特有的动物，如海南鼯鼠（图3-62）、海南孔雀雉、海南山鹧鸪、海南柳莺和大多数特有的两栖爬行类动物（图3-63），绝大部分的栖息地在海南热带雨林国家公园范围之内，因此建设国家公园对于保护这些海南特有的动物显得尤其重要。

▲ 图3-62　海南特有动物——海南鼯鼠　陈庆/摄

▲ 图3-63　海南特有动物——细刺蛙

（一）珍稀濒危动物

海南热带雨林国家公园里的珍稀濒危保护物种繁多。国家一级重点保护野生动物有14种，其中包括兽类6种（海南长臂猿、穿山甲、大灵猫、小灵猫、云豹、坡鹿），鸟类5种（海南山鹧鸪、海南孔雀雉、海南鳽、草原雕和黄胸鹀），爬行类2种［圆鼻巨蜥（图3-64）、鼋］，昆虫1种（金斑喙凤蝶）。国家二级重点保护野生动物有91种（图3-65）。被《中国生物多样性红色名录》列为极危物种的有13种、列为濒危物种的有39种、列为易危物种的有50种；被《IUCN濒危物种红色名录》列为极危物种的有4种、列为濒危物种的有12种、列为易危物种的有20种。

▲ 图3-64　国家一级重点保护野生动物——圆鼻巨蜥

▶ 图3-65　国家二级重点保护野生动物——红原鸡　罗理想/摄

（二）明星动物档案

海南长臂猿

Nomascus hainanus

保护级别：国家一级

何处可见：栖息生境为中低海拔原生热带雨林。目前仅见于霸王岭片区昌江县与白沙县交界处的斧头岭周边区域。海南长臂猿活动区域为国家公园的核心保护区，只有巡护人员和经过许可的科研人员可以进入。游客可达的最接近点是白沙县青松乡苗村，在那里有机会听到它那悠扬的鸣声。

明星气质：海南长臂猿是海南特有物种，能靠双臂在热带雨林树冠层灵活地穿梭跳跃，是典型的树栖动物（图3-66～图3-68）。雄性头猿群每天上午会发出响亮而悠长的鸣叫，家族成员随之回应。如果你有幸聆听，这曲雨林中最动听的交响乐一定让你终生难忘。它们是全球最濒危的灵长类动物，目前仅有5群35只，是海南热带雨林国家公园毫无争议的头号明星。

▲图3-66　母猿和崽猿　张志成/摄

▲图3-67　雌猿　李文永/摄

▲图3-68　正在鸣唱的海南长臂猿家庭　李文永/摄

穿山甲

Manis pentadactyla

保护级别：国家一级

何处可见：栖息于丘陵、山麓、平原的树林潮湿地带，喜欢树冠下有茂密灌丛和草本植物的环境。目前，在海南已极为罕见，近年来仅在尖峰岭片区有确切记录。

明星气质：穿山甲曾广泛分布于我国长江以南地区，它们主要以白蚁为食，是控制蚁害的关键物种（图3-69）。穿山甲有一项独门绝技，受到威胁会蜷缩成团，靠坚硬的鳞甲自保，虎豹等食肉动物拿它们毫无办法，但遭遇人类时却成了唾手可得的猎物。近年来，由于传统医药和食用需求巨大，穿山甲被过度捕捉，种群数量急剧下降，已成为极危物种。2020年6月，国家林业和草原局专门将其保护级别由国家二级升级为国家一级。

▲ 图3-69　在人类面前，一身盔甲的穿山甲也难以自保　周佳俊/摄

坡鹿

Cervus eldii

保护级别：国家一级

何处可见：栖息于低海拔地势平缓的丘陵、平野之地，“坡鹿”的名称由此而来。主要分布在东方大田和白沙邦溪两个自然保护区。在海南热带雨林国家公园猴猕岭山下，有机会遇见重新引入野放的坡鹿。

明星气质：坡鹿四肢修长，奔跑迅速，特别善于跳跃，奔跑时数米高的树木和数米宽的河沟皆能一跃而过，是海南大型哺乳动物中的跳高、跳远双料冠军（图3-70）。坡鹿由20世纪的濒临灭绝到现在数量逐渐增多、种群逐渐稳定，成为海南绿色生态的一张名片。

▲ 图3-70　长茸期的雄坡鹿

水鹿

Rusa unicolor

保护级别：国家二级

何处可见：栖息于森林和草原生境，很少到远离水的地方。目前，在海南主要分布于中部山区，监测人员在海南热带雨林国家公园多个片区都用红外触发相机拍到它们的影像。

明星气质：水鹿是海南现存体型最大的陆生野生动物（图3-71），体重达200～250千克，外形与马鹿相近，当地原住民习惯称之为“山马”。区别于其他鹿种的重要特征是：角小、分叉少，颈腹部有手掌大的一块倒生逆行毛。

水鹿和坡鹿是海南仅有的两种大中型鹿科动物，二者具有不同的生态位，分布范围并不重叠。水鹿多见于山区的密林里，坡鹿则生活在平原的草丛和灌丛中，因而分别得到了“水牛鹿”和“黄牛鹿”的外号。

▲图3-71 雌水鹿和仔水鹿 鹦哥岭分局/供图

巨松鼠

Ratufa bicolor

保护级别：国家二级

何处可见：栖息于中海拔热带、亚热带森林，在树冠层中活动。不算罕见，有时在海南热带雨林国家公园的观光栈道就能遇到。

明星气质：巨松鼠是体型最大的松鼠，有一身黝黑发亮的皮毛，堪称松鼠界的超模，不仅长得帅，身手也十分敏捷，相隔2米的树枝能一跃而过（图3-72），如能见到，绝对让你印象深刻。由于巨松鼠个大体黑，在树上活动时动静颇大，常被人误以为是海南长臂猿出没。大部分生活在热带雨林里的兽类喜欢在夜间活动，而巨松鼠不同，它们主要在白天活动，常常躲藏在高大的树木上觅食，尤为钟爱陆均松的果实。在陆均松果实成熟的季节，树下经常散落着有咬痕的小枝条，这大多是巨松鼠干的好事。

▲ 图3-72　巨松鼠是体型最大的松鼠，是热带雨林的代表物种之一

海南山鹧鸪

Arborophila ardens

保护级别：国家一级

何处可见：栖息于中低海拔原始林、次生林。在海南热带雨林国家公园各片区均有分布，不过因为生性机警，不易见到，当你听见“加姑—加姑”叫声，就知道它在附近。

明星气质：海南山鹧鸪色彩艳丽，鸣叫声响亮而独特，为海南特有物种，是全国乃至全世界“鸟人”追捧的“明星”（图3-73）。白天成群结队在地面觅食，夜晚在树上栖息，主要以植物的叶、芽和种子为食，也吃昆虫和蜗牛等动物性食物。性情机警，一旦受惊便四散奔逃，然后静伏不动，或飞不多远又落下钻入林下草丛中。它们通常在热带雨林下落叶层较厚的地方刨食，刨食时会制造出“沙沙”的声响，刨食过后，地面会留下形状大小较为规则的坑。喜欢在树根旁边营巢，用落叶精心构筑成的隐秘圆球形“巢洞”很难被发现。

▲ 图3-73　海南山鹧鸪为海南特有物种，是全国乃至全世界“鸟人”追捧的“明星”　椰子/摄

海南孔雀雉

Polyplectron katsumatae

保护级别：国家一级

何处可见：海南孔雀雉分布区域与海南山鹧鸪大致相同。但与海南山鹧鸪相比，其种群数量更少且行动更隐秘，野外很难见到。

明星气质：海南孔雀雉曾经被认为是灰孔雀雉的一个亚种，但其体型较小，羽色较暗浓，眼状斑较小，呈金属深绿色，头上羽冠及颈上翎领均不发达。这些特征显示，分布在海南的灰孔雀雉经过长期的独立演化，在分类学上已经可以从亚种提升为独立物种。常单独或成对活动，生性隐秘，是海南最难观察到的特有鸟种。白天在地面上觅食，晚间在树上过夜。雉类多以植物性食物为食，而海南孔雀雉以动物性食物为主，几乎只吃昆虫和蠕虫类，这种特性在雉类中很少见（图3-74）。

▲ 图3-74　海南孔雀雉神秘莫测，是观鸟者心中海南鸟类至高无上的“王者”　符建灵/摄

山皇鸠

Ducula badia

保护级别：国家二级

何处可见：山皇鸠栖息于高山林区，属地区性常见鸟类，海南热带雨林国家公园各片区都有机会见到。

明星气质：山皇鸠体长近50厘米，是海南岛体型最大的“野鸽子”，色彩鲜明，易于识别，过目难忘（图3-75）。山皇鸠是比较典型的热带鸟类，栖息于海拔2000米以下的山地常绿阔叶林中。常成小群活动，偶有40只左右的大群，多活动在林中高大乔木的树冠层。早晨和傍晚常栖于大树顶端的枯枝上沐浴阳光。飞行快而有力，两翅扇动频繁，常发出呼呼作响的振翅声。叫声深沉，给人以悲哀的感觉，鸣叫时弯腰叩头。主要以植物果实为食，尤其喜吃橄榄、乌榄和琼南等果实，为海南热带雨林里大中型果实的传播发挥重要作用。

▲ 图3-75　山皇鸠是体型最大的“野鸽子”

吴梅/摄

褐翅鸦鹃

Centropus sinensis

保护级别：国家二级

何处可见：常见留鸟，低海拔地区的林地、灌丛、草地都能见到。

明星气质：褐翅鸦鹃体大尾长，体型和羽色略像家鸡，因此在海南也被称作"毛鸡"，是海南最容易见到的国家重点保护野生动物之一（图3-76）。栖息于1000米以下的低山丘陵和平原地区的林缘灌丛、稀树草坡、草灌丛中，单个或成对活动，善于隐蔽，飞行时急扑双翅，尾羽张开，上下摆动，动作显笨拙。主要以动物性食物为食，偶尔吃一些杂草种子和果实等植物性食物。它的鸣声连续不断，从单调低沉到响亮，其声似"咕—咕—咕—"声，数里之外可耳闻，早晨和傍晚鸣叫尤其频繁。过去曾被大量捕捉，用于制作毛鸡酒，因而得到重视和保护。

▲图3-76　褐翅鸦鹃虽然常见，但也面临很大的被捕猎的压力　张和平/摄

陈志刚/摄

蛇雕

Spilornis cheela

保护级别：国家二级

何处可见：栖息于较为开阔的山地、丘陵地带，为较常见留鸟，在海南中南部山区很容易见到。

明星气质：蛇雕体大身长、长相威武、飞行姿态优雅潇洒、鸣声清脆响亮带有余音，是海南热带雨林国家公园的空中霸主（图3-77）。栖息和活动于山地森林及其林缘开阔地带。常在高空翱翔和盘旋，停飞时多栖息于较开阔地区的枯树顶端枝杈上。飞行时常选择晴朗的天气，单独或小群随上升热气流旋至空中展翅翱翔，此时稍向前倾的宽长双翼下，一白色横带清晰明显，并发出嘹亮上扬的长鸣哨音“忽溜……忽溜……”，是其野外辨识的主要特征。

图3-77 蛇雕是海南热带雨林的空中霸主 符政军/摄

褐林鸮

Strix leptogrammica

保护级别：国家二级

何处可见：栖息于中低海拔阔叶林中，有时会到村庄附近。褐林鸮是夜行性动物，大多不容易见到。在森林里夜观的时候，如果你有足够的耐心，再加上一点运气，才可能看到它。

明星气质：褐林鸮是猫头鹰中的大个子，不仅块头大，还爱扮酷，大大的眼睛配上一副“大墨镜”，还是时尚的白色半框限量版，想低调都不行（图3-78）。夜行性猛禽，常成对或单独活动，白天多躲藏在茂密的森林中，一动不动，直立地栖息在靠近树干而又有浓密枝叶的粗枝上，黄昏和晚上才出来活动和猎食，营巢于树洞或岩隙中。主要以啮齿类动物为食，也吃小鸟、蛙、小型兽类和昆虫。捕食采取的是在树枝头静候而一旦猎物出现却突然偷袭扑杀的方式。

▲ 图3-78　褐林鸮是大型的猫头鹰，它们不但生活在雨林里，也会出现在村庄边

绯胸鹦鹉

Psittacula alexandri

保护级别：国家二级

何处可见：栖息于低海拔山麓林区，尤其喜欢林地附近耕作区。目前，在海南已非常罕见，近年来仅在鹦哥岭高峰片区有记录。

明星气质：绯胸鹦鹉是海南岛唯一的野生鹦鹉，色彩艳丽非常（图3-79）。常成群活动，善攀援，且能嘴、脚并用攀援。飞行快速而常成直线。有迁移的习性，迁移的地点由食物充足与否决定。鸣声粗厉响亮，甚为嘈杂。夜晚栖于树上。食物主要是野生植物的浆果、坚果等果实，也吃谷物和昆虫。在云南等地可见到上千只的大群，海南岛却难觅踪影，真希望它们不要从此在海南消失。

▲ 图3-79　这两张照片是目前海南仅有的野生绯胸鹦鹉影像记录，2010年拍摄于鹦哥岭高峰片区
廖高峰/摄

银胸丝冠鸟

Serilophus lunatus

保护级别：国家二级

何处可见：栖息于中低海拔热带森林，属较常见留鸟，游客在海南热带雨林国家公园的观光栈道游览时，常有机会能够见到。

明星气质：阔嘴鸟科的鸟是亚洲热带雨林鸟类的代表。银胸丝冠鸟是海南唯一的阔嘴鸟科鸟类，它色彩艳丽，佩戴着漂亮的“银项链”，是海南热带雨林国家公园小型鸟类中的颜值担当（图3-80）。常成小群活动，多活动在树冠层下。边叫边跳，甚活跃，声音低柔而有韵律。在树上或飞行时捕食昆虫。

▲ 图3-80 银胸丝冠鸟是亚洲热带雨林鸟类代表物种之一，胸口的白色项链让它很有识别度
符政军/摄

大盘尾

Dicrurus paradiseus

保护级别：国家二级

何处可见：栖息于中低海拔热带森林，是较常见的留鸟，在海南热带雨林国家公园霸王岭、尖峰岭片区的栈道中时有发现。

明星气质：大盘尾体型较大，头顶具冠羽，有一对特别长的外侧尾羽，形状类似音符，时而下垂，时而翘起，姿态优雅，像穿了一袭幽黑长裙的林间仙子（图3-81）。常成对活动，平时停歇在空旷处的树枝上，发现飞虫后突然起飞，快速飞行捕食，然后返回原栖息枝头，食物以昆虫和小型无脊椎动物为主。飞行时拖着一条长尾，波浪式行进，姿态非常优美。喧闹而善鸣，能发出多种美妙的鸣唱声。

▲ 图3-81　大盘尾拥有两根夸张的尾羽，因此获得“林间仙子”的美誉

霸王岭睑虎

Goniurosaurusbawanglingensis

保护级别：国家二级

何处可见：栖息于中低海拔天然林及林缘地带。在雨林里夜观的时候，有机会碰巧遇到它。

明星气质：睑虎类动物色艳艳丽，性情温顺，易于饲养，是颇受欢迎的异宠，人为捕捉贩卖是其面临的最大威胁。霸王岭睑虎是海南特有物种，分布地域狭窄，应该受到更多的重视和保护（图3-82）。霸王岭睑虎是夜行性动物，在地面捕食各种昆虫，尤其喜欢吃白蚁，雨后白蚁纷飞时最为活跃。与壁虎类似，有断尾逃生的习性。

▲图3-82　因为颜值高、温顺易养，睑虎类动物受到异宠爱好者的追捧，因此被列为保护动物　谷峰/摄

眼镜王蛇

Ophiophagus hannah

保护级别：国家二级

何处可见：眼镜王蛇分布范围较广，在海南从沿海地区到海拔较低的山区都有分布，但很少有机会能遇见。

明星气质：眼镜王蛇又名“过山风”，是陆生毒蛇中体型最大的一种（图3-83）。它们行动敏捷，头部可灵活转动，在受到威胁时会抬起身体的前三分之一，张开嘴，露出毒牙。一旦认为自己处境危险，眼镜王蛇就会发动攻击，是最知名的毒蛇之一。

▲图3-83　“过山风”体大凶猛，是海南最具知名度的毒蛇之一（幼体）　符惠全/摄

鹦哥岭树蛙

Zhangixalus yinggelingensis

保护级别：海南省级保护

何处可见：鹦哥岭树蛙分布范围极其狭窄，分布主要集中在鹦哥岭主峰及南毛拉两处高海拔台地，一般访客难以与其相遇。

明星气质：鹦哥岭树蛙是鹦哥岭科考团队近年新发现的海南特有物种（图3-84），这一发现是海南热带雨林国家公园科研工作的重要成果，也是鹦哥岭青年团队把青春献给这片绿水青山的见证。鹦哥岭树蛙为高海拔物种，在温度较低的月份会进行冬眠。3月初，温度逐渐回暖，鹦哥岭树蛙会出蛰到水潭附近进行配对繁殖，繁殖结束后后便离开水潭爬到周围树林或灌丛中，很难被发现。

▲ 图3-84　鹦哥岭树蛙仅见于鹦哥岭的高海拔湿地中，分布范围极为狭窄

三线闭壳龟

Cuora trifasciata

保护级别：国家二级

何处可见：曾经在海南广布，现在已经近乎灭绝。

明星气质：三线闭壳龟俗称金钱龟，过去因为药用、观赏等原因被人类过度利用（图3-85）。目前，野生三线闭壳龟已难得一见，亟须保护。白天多隐藏于洞穴或水草繁茂处，早晨及傍晚在溪流中活动，并在水边灌木丛中挖洞做窝。喜群居，是以肉食为主的杂食性龟类。在水中捕食小鱼虾、蝌蚪等，在岸上则以各种昆虫、蜗牛、蚯蚓等为食。

▲图3-85　金钱龟虽然拥有数量庞大的养殖种群，但野外数量一直在下降

泛叶䗛

Phyllium celebicum

保护级别：国家二级

何处可见：在海南岛的林区虽然分布很广，但是由于其常栖树冠层，所以遇见率较低。

明星气质：海南昆虫中最成功和令人惊叹的拟态大师，就连树叶的虫痕空洞也拟态得惟妙惟肖，是很好的自然观察对象和宣教示例（图3-86）。以壳斗科植物白锥为食，也可能取食其他壳斗科植物，目前其食性研究尚不明确。常用腿抓住树枝和树叶摆动，拟态被风吹动的树叶。遇到危险时，会主动弃腿逃生。

▲图3-86　成虫　陈春香/摄

金斑喙凤蝶

Teinopalpus aureus

保护级别：国家一级

何处可见：在海南热带雨林国家公园里分布颇广，但种群数量稀少，只有运气很好的观蝶高手才能找到它们的踪迹。

明星气质：金斑喙凤蝶珍贵而稀少，是中国蝶类唯一的国家一级保护物，被誉为“国蝶”“蝶之骄子”，是很多蝴蝶爱好者追踪的明星物种（图3-87），幼虫寄主为木兰科植物。喜欢吸食植物的花蜜，常飞翔在林间的高空，其姿态优美，飞翔迅速，很少停下来休息。常在树顶上绕圈飞行，有时急下地面访花吸水，又立即冲上天空。

▲ 图3-87　被誉为“国蝶”“蝶之骄子”的金斑喙凤蝶是不是很有王者风范

裳凤蝶

Troides helena

保护级别：国家二级

何处可见：一种比较常见的大型蝴蝶，多出现在平原丘陵及中、低海拔山地。

明星气质：裳凤蝶色彩鲜艳、飞翔姿态优美，后翅黄色斑在阳光照射下金光灿灿，显得华贵美丽（图3-88）。虽然是比较常见的蝴蝶，但也是国家二级重点保护野生动物。幼虫寄主为多种马兜铃属的植物，成虫平时活动较少，中午前后特别是晴天较活跃，喜欢在林缘和高处巡飞占有领地，常在蜜源植物上访花。

▲ 图3-88　裳凤蝶是海南最大的蝴蝶之一，虽然很常见，但也是国家二级重点保护野生动物

丽拟丝蟌

Pseudolestes mirabilis

保护级别：无

何处可见：分布于海南中南部山区，每年3～10月，在海南热带雨林国家公园有溪流的地方很容易见到。

明星气质：丽拟丝蟌是海南特有属，以其特有和颜值毫无争议地成为海南蜻蜓界的当家花旦，是全球蜻蜓爱好者所推崇的明星物种（图3-89）。生活在海拔1500米以下森林中的溪流、渗流地和小型瀑布。栖息于光线较暗的环境，常停立于植物叶片或枝条顶端。雄性会在小溪边缘占据领地，会与其他雄性发生激烈争斗，飞行时腹部翘起，后翅下伸。

▲图3-89　丽拟丝蟌是海南特有物种，其独为一属，是全球蜻蜓爱好者所推崇的明星物种

海南塞勒蛛

Cyriopagopus hainanus

保护级别：国家二级

何处可见：分布广泛，在海南山区常见，且遇见率较高。

明星气质：海南塞勒蛛是海南特有物种，也是海南体型最大的蜘蛛，能捕食路过洞口的昆虫和小型动物（图3-90）。又叫海南捕鸟蛛，海南民间有很多关于它们的传说。现在面临着药用和宠物贸易的威胁。喜欢在林缘和路边的土坡、石缝中筑巢，洞口圆形，表面覆盖蛛丝，捕食路过洞口的昆虫和小型动物。性胆小，机警。

▲ 图3-90 “海南捕鸟蛛”受到宠物养殖和药用两方面的威胁

花鳗鲡

Anguilla marmorata

保护级别：国家二级

何处可见：花鳗鲡在海南河流入海口都有分布，还能洄游到海拔较高的山区河流，但因过度捕捞及拦河筑坝影响其洄游，种群数量下降较快，目前已很少见。

明星气质：花鳗鲡为典型洄游鱼类。幼鱼在河口、湖塘等内陆水域生长，成年时洄游到江河口附近性腺才开始发育，而后潜入深海进行繁殖。性情凶猛，强壮有力，捕食鱼、虾、蟹、蛙及其他小动物，也能到水域附近的陆地觅食（图3-91）。

花鳗鲡能上山能下海，在水中能捉鱼，在陆上能爬行，是海南热带雨林国家公园鱼类中的全能冠军。它是国家二级重点保护野生动物，应该在河海里畅游，而不应该是饭店里的一道菜品。

▲ 图3-91　花鳗鲡是凶猛的肉食性鱼类，是河流健康的标志

黎族老太太身上的黎锦拥有内容丰富的精美纹饰

第四章

历史人文篇：黎苗相伴，永续发展

一、守护雨林的原住居民

海南热带雨林国家公园郁郁葱葱的山林里，世居着以黎族、苗族为代表的雨林民族。其所囊括的中部五指山区，是海南黎族、苗族主要分布地区。近代之前，黎族、苗族深居海南热带雨林山溪，信仰万物有灵，盛行图腾崇拜。他们依赖着雨林丰富的自然资源，过着“靠山吃山，靠水吃水”的生活，风俗习惯深受热带雨林的地理环境和气候条件的影响，创造了独具特色的海南热带雨林民族文化。

热带雨林中生长着种类繁多的树木果实，漫山遍野的野菜与菌菇为黎族和苗族带了丰富的食物及药物；雨林溪流里各种飞禽走兽，是他们至关重要的蛋白质补给来源；此外，他们熟知雨林土壤的特点，用轮耕的方式刀耕火种，开垦梯田，种植各类作物。

一方水土养一方人，热带雨林得天独厚的自然环境和资源，为黎族和苗族的生产生活提供了良好的环境。另外，在充分利用雨林资源的同时，黎族和苗族也通过各种文化习俗里的图腾崇拜、狩猎禁忌等来保护自然，客观上维系了海南热带雨林的生物多样性，潜移默化地践行着永续发展的理念。

（一）黎苗来源

黎族是海南岛人数最多、分布最广的少数民族（图4-1）。学界多数认为黎族主要来源于我国南方古越族的一支——骆越人。他们以海南岛的原住民自居，是最早大规模开发海南岛的人类群体。自3000年前的殷商时

▲ 图4-1　白沙县黎族服饰

期，便有以百越文化为主体的黎族先民从广东、广西等地，泛舟渡海抵达海南岛。

在黎族内部，由于迁居、登陆海南的年代、地点等不同，分化为五大方言群，即所谓“一黎五支”：哈黎、杞黎、润黎、赛黎和美孚黎。这五大方言群在黎族总人口中所占的比例为：哈方言58%、杞方言24%、润方言7%、赛方言7%、美孚方言4%（图4-2）。

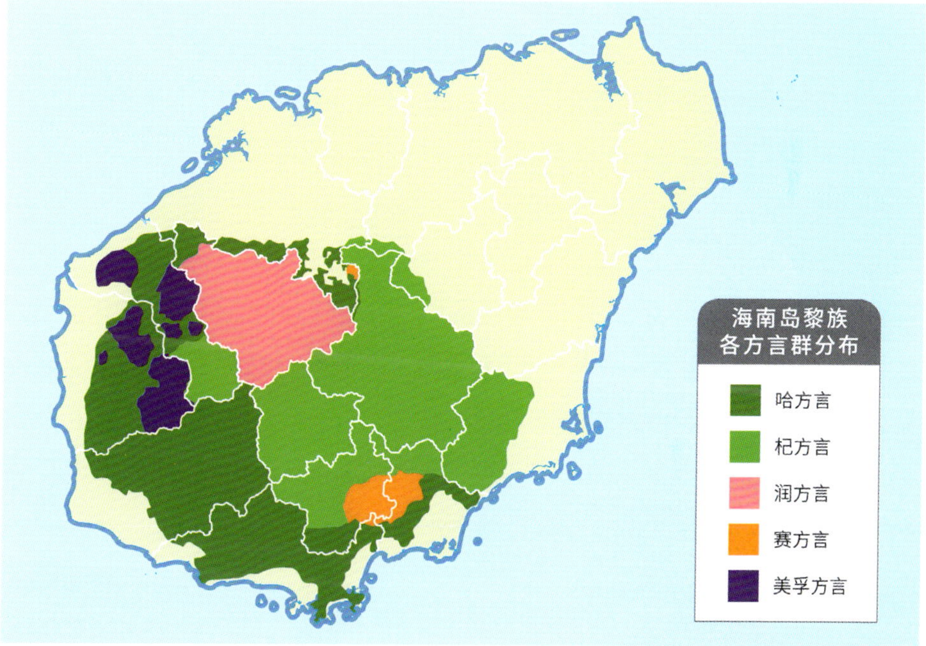

▲图4-2　海南岛黎族各方言群分布　林兆茵/绘

海南苗族也是海南岛的世居民族，人口仅次于黎族，居海南少数民族的第二位（图4-3）。海南苗族人数虽然少，但分布广，海南各市、县均有分布，主要集中分布在海南热带雨林国家公园范围内五指山、黎母山、雅加大岭三大山脉及周边的各市、县。据地方志记载，海南苗族进入海南始于明弘治至万历年间，约1501年至1573年间，是作为兵士被朝廷从广西征调而来的，后来军队解散便落

▲图4-3　白沙县苗族服饰

居海南，成为海南岛的世居民族，至今大约有400多年的历史。除了被官府征调入岛的兵士，还有相当数量的苗族是为生计维艰或为躲避战争而漂洋过海迁徙到海南岛的。

海南苗族语言属汉藏语系苗瑶语族瑶语支。他们在海南岛的分布虽广但语言统一，基本没有方言差异。

（二）风土习俗

1.三月三

黎族和苗族传统的节庆多与纪念人类始源、自然崇拜和原始宗教活动等方面有关，具有浓厚的雨林民族特色和传统宗教色彩（图4-4）。其中，农历三月初三是黎、苗两族共有的重要节日。

对于黎族来说，三月三是带有“集体狂欢”性质的传统节日，最大特点是集体对歌以及男女青年的自由恋爱活动。关于黎族“三月三”的来历，根据黎族口头文学《葫芦瓜的故事》，有这么一个美丽传说：远古时代，人类遭受灭顶洪灾，只有一对男女躲进大葫芦瓜里幸免于难。他们随洪水漂流到荒无人烟的海南岛，卡在五指山上。为了繁衍生息，在农历三月初三那天，两人对歌诉衷情，结成夫妻。而后，黎族后人每逢农历三月初三日，都以各种方式纪念先祖美满婚姻和繁衍黎族的功绩。

▲ 图4-4　少数民族盛装游行

对于海南苗族来说，三月三是仅次于农历新年的盛大节日。那天是兄弟团圆的大喜日子，也是苗族五大姓氏团圆的节日，同时也是庆祝祖先结婚、祭祖先和家神的盛大传统节日。苗族禁止在三月间结婚，以表示对祖先的崇拜。每年农历三月初三日，苗族家家户户都要杀鸡和煮三色饭，祭祀先祖，祈求平安。

2. 文身

黎族妇女有绣面文身的习俗（图4-5），早在汉代，就有文字记载黎族先民——越人的文身习俗。在旧时代，文身是黎族妇女生命礼俗中的成年礼，每一个黎族妇女都要经历这一段记忆深刻的成长过程。

黎族文身是黎族母系氏族社会的文化遗存，是黎族原始宗教——自然崇拜、祖先崇拜和图腾崇拜的艺术表达。关于黎族文身的起源，比较认同的说法是，文身是血缘氏族部落的标志，明顾岕《海槎馀录》中说，（黎妇）不文身“则上世祖宗不认其为子孙也”。黎族先民认为，假如生时不文刺上氏族部落的特定图腾，则死后祖先将难以辨识，会变成无家可归的野鬼。到了近代，黎族妇女的文身习俗逐渐消失，只剩为数不多尚健在的老一辈妇女身上还有绣面文身。

▲图4-5　文身的黎族妇女（白沙县）

3. 打柴舞

打柴舞，也称跳竹竿、竹竿舞或跳柴舞，是黎族最古老、最受欢迎的舞种之一，起源于黎族丧葬活动，为昔日黎人在丧葬场合用于护尸、赶走野兽、压惊及祭祖的一种丧葬舞（图4-6）。清光绪《崖州志》记载：“丧葬……诸戚必以牛羊纸灯鼓吹来奠。作八必分花木，跳击杵。”“跳击杵”便是指打柴舞。

▲图4-6　欢快热烈的打柴舞

打柴舞有一套完整的舞具和跳法。跳舞时，

在平地平行摆开两根长竹竿，其上横架若干根小竹竿。竹竿两端各有人双手执棍，按一定的节拍将竹竿上下、左右、分合叩击，发出清脆的响声。一群跳竹竿者在竹竿分合的空隙中跳跃，表演各种欢快动作。整个舞蹈场面热热闹闹，围观群众欢呼雀跃，笑声此起彼伏。

打柴舞带有祭祀与吉祥之意，黎族人一般选在新谷登场或是元宵节的那天开始舞蹈，通宵达旦，久久不散。黎族人习惯选用一种红铃木做跳舞用材，这种木材颜色较红，黎族人认为它表示吉祥，而且质轻，声音响亮，可以传递到天上，因此旧时多称打柴舞、跳柴舞。而后随着时间推移，祭祀意义逐渐被其自身娱乐趣味所取代，男女老少随时随地皆可跳柴，红铃木也开始被更容易获得的竹竿所替代，因而也称跳竹竿、竹竿舞。

（三）传统技艺

1.船型屋

船型屋是黎、苗族最传统，也最富有热带雨林民族特色的住宅，因其外形像倒扣的船篷而得名。为了适应热带雨林潮湿多雨，蛇、虫、鼠、蚁、野兽众多的环境，黎族和苗族在巢居的基础上，吸收了我国西南各民族干栏式建筑形式，以雨林里常见的木条、竹子、红白藤、茅草、葵叶等为建筑材料，发明了高脚干栏式建筑——高脚船型屋，并经历高脚到低脚到落地式三种发展形式，创造出独具海南雨林特色的船型屋（图4-7～图4-9）。

▲ 图4-7 “金字形”屋顶的船型屋（白沙县高峰村）

▲ 图4-8　传统造型的船型屋（东方市白查村）

夏天，低矮的船型屋可遮挡炎炎烈日，其圆拱造型利于抵抗热带台风季频繁的台风侵袭，架空的结构有防湿、防瘴、防雨的作用，而茅草屋面也有较好的防潮、隔热功能，非常适配雨林潮湿闷热的环境。

▲ 图4-9　“金字形”的船型屋的框架结构

黎族民间故事《雅丹公主》是这么讲述船型屋来历的：雅丹公主因触犯家规受到惩治，而被置于一条船上，流放到孤岛。为了躲避风雨，防御野兽，公主上山砍木柱，立于海滩上，然后把小船底朝天，放到木柱上做屋顶，用茅草遮住四周，及至船板烂后，就用茅草盖顶。这便是船型屋的故事原型。

2. 树皮布

海南热带雨林国家公园树木繁茂，世居于此的黎族人对于树木的利用不止于食药材和薪材、建材，更有以树皮为布，用树皮制衣的工艺。黎族人曾普遍制作和使用树皮布，这是人类早期衣服的雏形。在近现代，黎族润黎支中，仍有人能够制作树皮布衣帽。他们制作树皮布的历史，可追溯到新石器时期。宋代《太平寰宇记》、元代《文献通考》和清代《黎岐纪闻》等古代典籍中，均有海南黎族“绩木皮为布”的记载。这种服饰材料是从山上砍下构树、见血封喉树的树皮，经过拍打去掉外层皮渣，剩下纤维层，然后用石灰（螺壳烧成的灰）浸泡晒干而成的。黎族祖先利用这种树皮纤维来缝制成衣服、被子、帽子等，且多为男子穿用（图4-10）。

▲ 图4-10　树皮衣

3.棉纺

海南热带雨林国家公园气候潮湿炎热，土壤肥沃带碱性，适宜木棉的生长。深居其中的黎族人早在春秋战国时期就懂得将木棉花轧出棉籽，“以手握茸就纺”，使用木棉纤维纺织衣服。西汉时期，黎族人民纺织成的精美的“广幅布”被中央王朝定为“岁贡”珍品。三国时期，黎族人已会用“吉贝”制作“无色斑布”。黎人棉纺织工艺曾领先中原地区1000多年，一直到11世纪的宋代以后，棉纺织业才在全国开始普及。在这一过程中，宋末元初著名的棉纺织家黄道婆起到了关键作用，她把从海南黎族妇女那儿学来的棉纺织技艺带回了故乡上海，推动了中国纺织业的发展（图4-11）。

旧时黎族人纺布使用的木棉又称“吉贝”（图4-12）。宋代苏东坡谪居海南时作诗记载：“遗我吉贝衣，海风令夕寒。”近现代则多用原产南美洲的海岛棉。据农业资料，1916年，崖县铁炉港农发公司首次引种海岛棉成功。该品种品质最好，有着纤维长、丝幼细、有丝光、拉力大、成纱率高的特点。

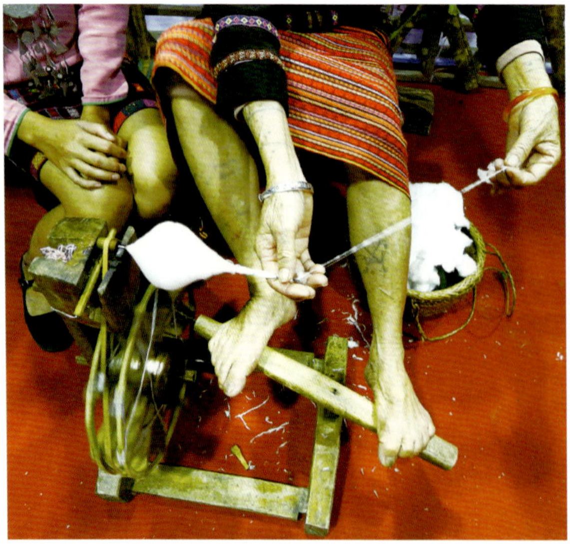

▲ 图4-11　手工纺线

▲ 图4-12　吉贝的果枝

4.黎锦

黎锦，即黎族传统纺染织绣技艺，由棉纺织工艺、麻纺织工艺及缬染工艺合并而成，至今已有近3000年历史，所传承的花纹图案堪称这个民族的独特史书。早在汉代，黎族棉纺织业便闻名遐迩，当时生产的“广幅布”已作为“岁贡”。唐宋时期，黎族已经可以运用五色纱线织成色彩斑斓的花纹图案（图4-13），织成黎锦。在过往没有书面文字的情况下，许多黎族历史、文化传奇故事，便是通过黎锦的形式呈现出来的。

黎族妇女从小就跟着母亲学习经线、双面绣、单面缇花织等纺织技艺，并仅凭自身丰富想象力来设计纺织图案。据不完全统计，织锦图案有100多种，大体可分为人形纹、动物纹、植物纹、几何纹，以及反映日常生活生产用具、自然界现象和汉字符号等的纹样。其中，人形纹、动物纹和植物纹是最常用的织锦图案。

▲ 图4-13　织锦（保亭县[1]）

5. 印染

黎族人精通染色技艺，懂得利用热带雨林多样的植物和矿物质做染料织染衣物（图4-14）。近代之前，黎族人日常所穿的服饰几乎都是自织自染的。黎族人染色技术中，最有特色的是扎染，古代称为绞缬。织物经过结扎、入染、晒干、折线等步骤，最后形成色彩斑斓的花布。黎族人印染颜色主要有青、黑、红、黄等，所采用的原料和方法不相同。印染所用的染料以植物的叶、花卉、树皮、树根等为主，天然矿物颜料为辅。

① 保亭县全称为保亭黎族苗族自治县。

▲ 图4-14　印染的植物原料及制作过程（白沙县青松乡）

6.黎族骨器

在海南热带雨林国家公园白沙黎族润方言区，黎族尚保留着传统的骨器制作工艺（图4-15和图4-16）。繁茂的热带雨林有着丰富的动物资源，当地黎族物尽其用，将狩猎捕获的兽类骨骼雕以黎族传统图案，作成精美多样的生活用品和装饰品，如骨簪、骨梳、火药筒等。其中，尤以人形骨簪最为

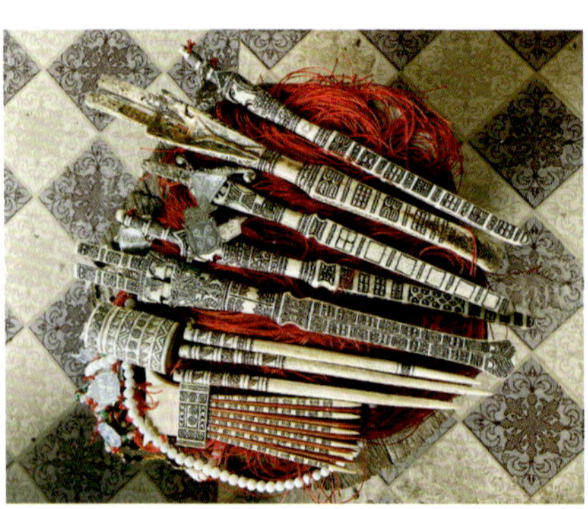

▲ 图4-15　骨簪、骨梳、火药筒等黎族传统骨器　林树浩/摄

▲ 图4-16　人形骨簪上的人面形象　林树浩/摄

别致。人形骨簪多采用牛的腿骨，雕侧身人形头像，分帽饰、人脸头像、躯干腿部三部分，装饰以精美的几何纹、水波纹、鸟兽纹等图样。相传，人形骨簪的人脸头像为黎族古时部落首领形象。人形骨簪美观耐用，深受黎族妇女喜爱，是黎族古时的定情信物。

（四）饮食与医药

在饮食文化和医药上，黎族和苗族居民有着显著的“靠山吃山，靠水吃水”的特征。海南热带雨林温暖潮湿的气候，丰饶的动植物资源，孕育了独特的黎族和苗族饮食文化。在众多黎族和苗族传统饮食中，最有热带雨林特色且风味独特的便是腌制食品，如鱼茶、肉茶等。它们是黎族和苗族人用于招待贵客的上品佳肴。

在日常生活中，酒和茶是黎族和苗族社会不可或缺的饮品。黎族和苗族人喜欢以酒对歌待客，有着自己独特的酒文化。常见的自酿酒种类有：山栏酒、番薯酒、甘蔗酒、南瓜酒等。其中，山栏酒是黎族和苗族社会传统里极为重要的酒类，过往雨林山区，黎族和苗族几乎每家每户都酿制山栏酒，以备待客、节日、婚宴、丧葬及宗教庆典活动所需（图4-17和图4-18）。茶同样是生活必需品，除正统的茶叶以外，还有极具地域特色的苦丁茶、鹧鸪茶、寄生茶，等等。

为适应雨林生活，黎族和苗族在长期与疾病斗争的过程中积累了丰富的经验，发展出比较系统化的医药体系，是我国传统医学的重要组成部分。

▲ 图4-17 苗族喜宴（琼中县）

▲ 图4-18 蒸馏白酒的装置

1. 鱼茶

鱼茶不是茶，而是黎族和苗族使用鱼肉、米饭腌制的一款酸甜怪异的菜肴（图4-19和图4-20）。腌渍所使用的鱼一般是村子附近溪流里常见的小鱼，如细尾白甲、琼中拟平鳅、罗非鱼等。鱼茶有干、湿之分，干鱼茶是把生鱼洗净剁块、滤干水，然后把炒米捣碎，加入少许的食盐后把生鱼和米粉拌匀，装入陶罐中封存2个月以上。湿鱼茶则是用煮好的干饭拌上生鱼和食盐，装入陶罐封存10多天即可。鱼茶从坛中取出直接食用，味酸可口，鲜香诱人。鱼茶跟臭豆腐一样属于"重口味"食品，刚刚接触的时候往往会让人难以接受，一旦喜欢上它，对这个味道就难以拒绝了。

▲ 图4-19　咸鲜可口的鱼茶（东方市俄贤村）

▲ 图4-20　在市场上出售的鱼茶（白沙县）

2. 三色饭

三色饭是黎族和苗族都有的特色祭祀庆典食品，是将山栏糯米用枫香树染成黑色，黄姜染成黄色，观音草染成红色，放在特制的独木蒸笼中蒸成的（图4-21）。三色饭原为五色饭，为红、黄、蓝、白、黑五色，皆用植物汁液作为天然色素拌在山栏糯米中。

▲ 图4-21　三色饭（五指山市水满乡）

3. 竹筒饭

砍下一节竹筒，装进适量的山栏糯米和水，放在火堆里烤熟，用餐时破开竹筒取出饭，便是有名的“竹筒香饭”（图4-22）。如果把猪瘦肉混以香糯米和适量盐放入竹筒烤成香糯饭，更是异香扑鼻，让人垂涎，是黎家招待贵宾的美食。

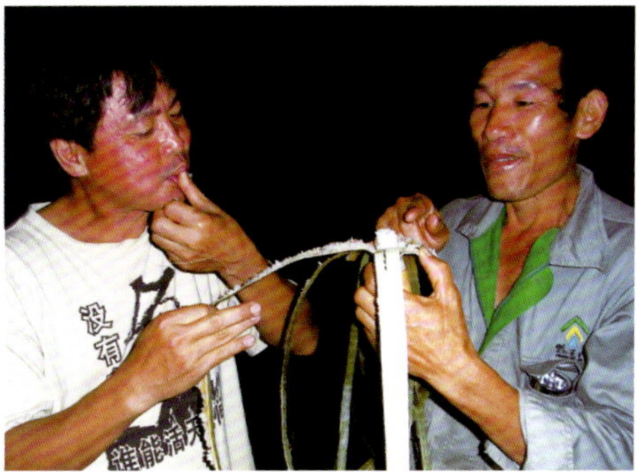

▲ 图4-22　与客人一起分享竹筒饭（白沙县道银村）

4. 山栏酒

山栏酒，又称糯米酒、甜酒，黎语称作“biang”，杞方言称为“比盎”，是黎族和苗族使用刀耕火种的山栏糯米，采用传统自然发酵法酿制而成的（图4-23和图4-24）。山栏酒度数较低，味道酣醇香甜。黎族和苗族人以山栏酒为滋补健身酒，是款待客人的上等好酒。山区民间常用山栏酒糟和鸡蛋同煮，给产妇或体虚者食用补身。

▲ 图4-23　吸取山栏酒的酒具（乐东县）

▲ 图4-24　制作山栏酒的酒饼（乐东县）

5. 茶叶

海南的热带雨林是茶叶的原产地之一，在林区里不难找到树高数米的野生

① 乐东县全称为乐东黎族自治县。

茶树。海南中部山区的黎族和苗族同胞很早就懂得制茶和品茶，其中，水满茶是最早出名的茶叶品种。水满茶因产于五指山南麓的水满乡而得名，一般指水满乡当地黎族群众用采集的野生大叶茶叶手工制作而成的绿茶（图4-25）。它香气清高持久、汤色黄绿明亮、滋味浓醇爽。古时，因品质上乘且野生茶叶产量有限，水满茶一度是朝廷贡品。除了水满茶以外，五指山红茶、白沙绿茶和尖峰岭的天池云雾茶也是海南热带雨林国家公园周边区域知名的茶叶品牌。

6. 鹧鸪茶

鹧鸪茶主产于海南热带雨林国家公园五指山区及沿海的万宁市。它并非传统意义上的茶，而是一款代用茶，乃是雨林的黎族人民把大戟科野桐属植物山苦茶的鲜叶采摘后放在阴凉的地方阴干，并用叶子裹成球状连串而成（图4-26）。其味道清香爽口，解渴、解暑且提神。

7. 苦丁茶

海南苦丁茶的原料植物是冬青科的大叶冬青，主要产于海南热带雨林国家公园五指山地区（图4-27）。当地黎族称之为“当”。黎族民间认为，野生苦丁茶有很强的医疗保健疗效，用以煮水来医治伤风感冒等病症。

▲ 图4-25　海南野生茶树的果枝

▲ 图4-26　鹧鸪茶原料植物——山苦茶的果枝

▲ 图4-27　苦丁茶原料植物——大叶冬青的枝叶

8.野菜

黎族和苗族没有种菜的传统，所需蔬菜多采自野外（图4-28）。黎族和苗族同胞外出时都爱带上镰刀和腰篓，当碰到野菜或者野果时，即可采集带回家里食用。雷公笋、雷公根、革命菜、白花菜等都是当地的美味佳肴。不少野菜还有“药食同源”之功效，具有相应的保健功能，例如，地胆头鸡汤能够清火，牛大力和五指毛桃炖汤可以滋身强体。

▲ 图4-28 你认识这些刚从山上采下来的野菜吗？这里面有革命菜、白花菜、益母草和野香菜

9.黎苗医药

海南热带雨林国家公园有着丰富的植物、动物、矿物等药物资源（图4-29）。世居于此的黎族和苗族人在长期与疾病的抗争中反复实践总结出颇具特色的治疗方法，特别是针对与雨林游猎生活密切相关的毒蛇咬伤、跌打损伤、骨折、疟疾等疾病的治疗。这些防病、治病的药物和医术，具有鲜明的雨林民族和海南热带地域色彩。譬如，黎药和苗药中很多植物仅为海南特有，如海南粗榧、海南龙血树、海南黄花梨等。

▲ 图4-29 市场里种类繁多的各色药材（乐东县）

住在热带雨林高山地区的海南苗族，积累了丰富的雨林野生植物的药用知识。他们擅长用草药治疗疾病，例如，跌打接骨、枪伤箭伤、痔疮、呕吐、眼病、脓疮、寄生虫等。在治疗方法上，除内服外敷外，还有火灸法和刮痧等。过往，海南

苗族人家大都会使用火灸法——用灯芯草芯浇上猪油，点燃后点灼患者身体的特定部位。

黎医在早期阶段经历了充分的自我发展与摸索，其医药与传统巫术密不可分。黎医防病治病以宗教仪式为主体形式，佐以草药。早在宋元时期，身居雨林的黎族人便掌握了丰富的草药知识，了解了热带雨林各种植物的功效、性味、采集、加工及分类。随后在与汉文化交流的过程中，黎医吸收了不少中医的医疗经验。黎医治疗方法多种多样，对疾病的诊断方法主要为望诊、闻诊、问诊、脉诊4种方法，用药大体可分为汤剂、药酒、粉剂、捣烂剂等。此外，黎医在治疗时，还非常注重调整患者的作息、饮食与精神状态等。

值得一提的是，海南黎族和苗族人在利用草药的过程中，非常注重雨林自然资源的永续利用与发展。在黎族和苗族的“万物有灵”传统概念里，草木皆有灵魂，因而在采集草药时，从不会进行破坏性采集，能用叶的绝不挖根；大多黎、苗草药使用的新鲜植物的根、茎、叶、枝、果一般都是随采随用，不会大规模采集与囤积；对于使用量较大的，如益智等，多引种至房前屋后种植。

（五）非物质文化遗产

世居海南中部山区的黎族和苗族人创造出了灿烂而独特的传统文化，但近几十年来，随着社会经济的快速发展，一些传统文化与技艺正濒临灭绝，亟须给予保护。在海南热带雨林国家公园区域，有众多的民族特色传统文化被列入各级的非物质文化遗产名录（表4-1和表4-2），它们见证人与热带雨林相伴相生的历程，是海南热带雨林里最具代表性的文化印记。

表4-1　国家级非物质文化遗产代表性项目名录

项目类别	项目名称	保护单位
传统音乐	苗族民歌	琼中
	黎族民歌	琼中
	黎族竹木器乐	保亭县，五指山市

（续）

项目类别	项目名称	保护单位
传统舞蹈	黎族打柴舞	三亚市
	老古舞	白沙县
传统技艺	黎族原始制陶技艺	白沙县
	黎族传统纺染织绣技艺	五指山市，白沙县，保亭县，乐东县，东方市
	黎族树皮布制作技艺	保亭县
	黎族钻木取火技艺	保亭县
	黎族船型屋营造技艺	东方市
	黎族骨器制作技艺	白沙县
民俗	三月三节	五指山市
	黎族服饰	海南省锦绣织贝有限公司，海南省民族研究所

表 4-2　海南省省级非物质文化遗产代表性名录

项目类别	项目名称	保护单位
民间文学	黎族民间故事	三亚市，五指山市、保亭县、琼中县、昌江县、白沙县、乐东县
传统音乐	黎族赛方言长调	陵水县
传统舞蹈	黎族钱铃双刀舞	琼中县、陵水县
	海南苗族招龙舞	五指山市
	黎族舂米舞	五指山市
	黎族共同舞	五指山市
	海南苗族盘皇舞	五指山市、三亚市
	黎族面具舞	东方市
传统体育、游艺与杂技	黎族传统体育和游艺（如拉乌龟、赶狗归坡等）	昌江县
传统技艺	黎族干栏建筑技艺	五指山市
	黎族藤竹编技艺	陵水县藤竹工艺品有限公司，保亭县、乐东县
	黎族独木器具制作技艺	保亭县
	黎锦纺染织绣工具制作技艺	琼中锦绣织贝实业有限公司
	海南苗族传统刺绣蜡染技艺	琼中县
	陵水酸粉烹制技艺	陵水县

（续）

项目类别	项目名称	保护单位
传统医药	黎族医药（骨伤疗法，蛇伤疗法）	五指山市、琼中县，海南省医药工业公司
民俗	黎族传统婚礼	琼中县
	黎族渡水腰舟习俗	白沙县

2009年，“黎族传统纺染织绣技艺”被列入联合国教科文组织《急需保护的非物质文化遗产名录》。黎族传统纺染织绣技艺集纺、染、织、绣于一体，黎族妇女仅凭自己的丰富想象力和对传统样式的了解来设计纺织图案。在没有书面语言的情况下，这些图案便成为黎族历史、文化传奇、宗教仪式、禁忌、信仰、传统和民俗的记录者。黎锦是黎族重要的社交、文化场合中不可或缺的一部分（图4-30）。作为黎族文化的载体，黎锦的传统纺织技艺是黎族文化遗产中必不可少的一部分（图4-31）。

▲ 图4-30　黎锦展销

▲ 图4-31　技艺传承

二、生产方式

（一）传统生产方式

近代以前，黎族和苗族所居住的大部分地区，农业都相当落后。他们在热带雨林中过着以刀耕火种、渔猎及采集为主的生活。

山栏稻种植、渔猎采集对于黎族和苗族来说至关重要。因而，人们对那些农事生产、渔猎采集过程中给予他们帮助的动物心怀感恩，把它们作为氏族的图腾祖先。比如，为族人带来谷种的斑鸠、协助族人狩猎的狗等；另外，采用刀耕火种、渔猎这样的生产生活方式，极度依赖热带雨林的生态环境，黎族和苗族先人在与自然的长期互动中，学会了注重永续发展，对雨林资源索取有度，形成了不少约定俗成的习惯法与禁忌，维系着雨林生态。

1.狩猎

黎族和苗族都是典型的雨林狩猎、采集民族。旧时代，海南热带雨林里有各种各样的兽类，如野猪、水鹿、黑熊、豪猪、果子狸等，这些动物是黎族和苗族赖以生存的食物来源（图4-32）。

保持猎物的长期供给，对黎族和苗族人生存至关重要，因此，黎族和苗族先人定制出了各种可持续的捕猎不成文规则，如限定特定吉日打猎、“打大留小，打公留母”等。

同样因为这些猎物对生存至关重要，少数民族对它们怀有感恩，所以其中某些猎物逐渐成为某些部落氏族的象征。譬如，新中国成立前黎族的氏族部落组织被称为峒，意为“人们共同居住的地域”，是黎族远古祖先由采集、游猎生活向定居的原始农业生活过渡后形成的血缘集团。每一峒大多以狗、猫、蛙等各种动物作为标志。此外，也有些动物因凶猛异常，被视为拥有巨大神力，进而加以崇拜以求自保，例如，海南热带雨林国家公园白沙地区的熊图腾等。黎族氏族以各种兽类为标志，它们因此自然而然地变得神圣不可侵犯，这便衍生出了各种相应的禁忌。譬如，黎族有些村寨禁食猫肉；又如，孕妇不能吃猴肉，否则所生的孩子会如猴子模样，等等。这些对狩猎兽类的崇拜渗入黎族生活的各个方面，烙印在衣物中，变成织锦，如熊纹等；文刺在身上，化作文身，如猫面纹等。它们已经化作守护黎族的神灵，庇佑着黎族

▲ 图4-32　黎族猎手把野猪的下颌骨挂在屋檐下，以彰显其打猎的本领

▲ 图4-33　一种笼鱼的工具

氏族。这些的崇拜与禁忌，一方面显示出黎族先祖对雨林的敬畏，另一方面，也予以相关物种一扇隐形的保护屏障。

2. 笼鱼

黎、苗族的捕鱼方法较多，常见的有笼鱼、网鱼，以及夜间射鱼等，其中，尤以笼鱼最有热带雨林山溪特色（图4-33）。

每年的雨季来临之际，热带雨林溪流水量暴涨，鱼儿成群结队往河溪上游溯流而上。这时，黎族和苗族人会将竹制的鱼笼固定在水流过道闸口处，过道的鱼儿易进难出，便都成了笼中之物。

3. 刀耕火种式“砍山栏”

随着社会的发展，深居雨林的黎族和苗族人在狩猎、采集之余，摸索出了与热带雨林环境相适应的生产方式——刀耕火种，即海南当地俗称的“砍山栏”，即不翻土、不施肥，在离居住地较远地方砍山烧叶成田，种植作物后丢荒，全靠自然本身恢复土壤肥力。

砍山栏的流程大同小异，一般会在春季时选择草木茂盛、土层深厚、表土呈灰黑色的山地，砍下大树的枝叶，任其散于地上，枯干后点火烧山，使其化作为底肥。随后播种，男子用尖木棒在前戳洞，女子紧跟着播山栏旱稻种，并用脚平土掩洞（图4-34）。

值得一提的是，黎族是世界上最早培育旱稻的民族之一。黎族群众培育出来的、海南独有的地方旱稻——山栏稻品种多达20余种，具有耐旱、耐虫害、抗倒伏、无需施肥等优点，适合山区种植。

黎族砍山栏的生产方式，除了用来种植各种山栏旱稻外，还常常间种大量蔬果，如南瓜、木瓜、冬瓜、竹笋、青瓜、葫芦、山栏豆、豆角等作物（图4-35）。此外，山栏地形成特别的林边生境，易吸引飞禽走兽，并会长出多种野菜，这都为黎族和苗族的采集与狩猎活动增添了不少收获。

在地广人稀、雨林茂密的往昔，刀耕火种式砍山栏的生产方式，饱含着黎族先人对自然法则的顺应，并从某种程度上促进了雨林的更新演替。但是，由于近代海南热带雨林区域外来人口大量增加，对种植面积的需求增长迅速，“刀耕火种”的作业方式使雨林资源的自然恢复速度远远赶不上消耗的速度，逐渐演变成一种破坏森林资源的生产方式。

▲ 图4-34　刚刚播种的山栏地（只清理枝叶，不清理树干）

▲ 图4-35　收获山栏

（二）现代特色农业

1. 特色养殖

海南热带雨林国家公园地理环境、气候优越，坡地草木四季常生，非常适合畜牧业的发展。自古以来，饲养家禽、家畜便是黎族和苗族农人一项重要的副业。据《海南岛志》记载，民国年间养牛“尤於黎峒为盛”“猪则无家无畜”。此外，黎族把牛视为财富的象征，几乎每户都要养有一头以上的耕牛，以提供畜力等。

与汉族的牛有牛栏、羊有羊圈的圈养方式不同，旧时山区的黎、苗族人更习惯“牛无栏，猪无圈”，喜欢家畜、家禽放养，将牛、羊、鸡甚至是猪，长年累月放牧于山上，需要时才上山寻找。海南热带雨林得天独厚的气候水土条件加上经年累月的品质驯化，以及黎族和苗族特色的山林放养模式，孕育出了如小黄牛、五脚猪、蚂蚁鸡等一大批独具雨林特色的地方禽畜品种。

（1）小黄牛

小黄牛又称“琼中小黄牛”“五指山小黄牛”，为产于海南热带雨林国家公园五指山区的小个头黄牛（图4-36）。黎族和苗族农民把它们放养在海拔700米以上的荒坡上，任其在树木茂密、牧草丰满的雨林取食树叶和荒草。每隔一个星期甚至一个月，主人才会上山，用各家独有的方法召唤头牛，领着群牛来到固定的地方吃盐巴。这样饲养出的小黄牛肉，肉质结实、纤维细嫩、水分低，因与鹿肉口感极其相似，海南当地人有些地方会把它称作“鹿肉”。

（2）五脚猪

五脚猪，产于海南热带雨林国家公园五指山区，最早是由黎族群众驯养而成的（图4-37）。据说源于海南本地的小种母猪在其发情期与野猪配种，然后生下具有野猪习性与体质的小猪。由于其腿短，走路时又喜欢把嘴巴贴近地面，从后面看就像是有五条腿，因此当地人都称其为“五脚猪”。五脚猪个体非常小，黎族人喜欢将其放养在山林，因此肉质十分结实，肥而不腻，十分鲜美。原种五脚猪成年体重一般在30～35千克，很少超过40千克。

◀ 图4-36　生活在大山里的小黄牛

▼ 图4-37　自由自在，食性多样的五脚猪

（3）蚂蚁鸡

蚂蚁鸡是黎族、苗族在野外放养的一种体积比较小的小种鸡，常见于海南热带雨林国家公园五指山片区。这种鸡以蚂蚁等昆虫、野菜为食物，瘦肉多，但瘦而不柴。因为体型小，长不大，体重最大也不超过1千克，而被本地人形容为像蚂蚁的鸡。

2. 特色种植

海南热带雨林国家公园拥有得天独厚的气候水土条件，植被生长快，植物种类繁多，孕育出了丰富且品质卓绝的良药佳木，素有“绿色宝库”“天然药库”等美誉。海南黎族和苗族在长期实践中，发展出了众多的具有雨林特色的植物种植与利用方式。海南热带雨林国家公园除了冠绝天下的沉香、红木至尊黄花梨外，还是“四大南药”（槟榔、砂仁、益智、巴戟）和红白藤等特色物产的重要产区。此外，民以食为天，食以油为先，海南油茶（山柚）凭借其异香扑鼻的特质，也逐渐被行业认同和追捧。

（1）槟榔

槟榔位居“四大南药”之首，具有杀虫、破积、降气行滞、行水化湿的功效。海南热带雨林国家公园里的黎族村寨盛产槟榔（图4-38），黎族自古就有嚼槟榔的习俗，相传槟榔有抵御瘴气的作用。在黎村，槟榔不仅是日常生活的嗜好品，也是黎族的婚庆吉祥物品、亲友之间人情往来的礼品，素有“非槟榔，不为礼”之说。黎族民间流传着这么一个故事：很久以前，五指山下有一对母女。母亲长年卧病，女儿为给母亲治病，遍寻良药。一天夜里，山神托梦给女儿说，五指山顶有棵树，树上的花果就是治病的良药。第二天，姑娘在五指山顶找到了一棵槟榔树，采下槟榔花熬药，切开榔槟果给母亲嚼，治好了母亲的病。自此，姑娘的名声远播，登门求婚者络绎不绝。姑娘说，谁真心爱我，就到五指山上把槟榔树移植下来，造福大家。有一个猎手经过千辛万苦，在山神的帮助下，终于把槟榔树移下山种植。就这样，姑娘和猎手结为夫妻，他们互赠槟榔表情谊。黎族人为了纪念这对夫妻，就把槟榔花作为吉祥的象征，把槟榔果作为定亲的礼物，槟榔果就成为黎族人民的婚庆礼品。

海南人嚼槟榔，一般为生吃，即把生槟榔果破开成数块，配上螺灰和蒌叶混嚼（图4-39和图4-40）。咀嚼时，味道香、甜、辣，随后会吐出红色口水。近年来，由于卫生问题及易患口腔癌的风险，嚼食槟榔的风气已没旧时那么盛行。槟榔除了吃果，槟榔花也是一道上好的食材，用它与肉类一起炖汤味道甚佳。

▲ 图4-38　槟榔林

▲ 图4-39　吃槟榔要配上蒌叶和用贝壳烧制的石灰粉

▲ 图4-40　蒌叶是一种胡椒科植物，可以给槟榔提味

（2）益智

益智，姜科山姜属多年生草本植物，“四大南药”之一（图4-41和图4-42）。传统认为，益智具有益脾胃、理元气、补肾虚滑沥的功用。益智主要分布于海南热带雨林国家公园海拔100～800米低丘陵和高丘陵林下，在琼中、保亭山区有成片的野生资源，仅保亭县八村区就有野生益智1000亩以上。山区黎族和苗族人多将其间种于橡胶、果树等经济林下。近年来，海南中部山区市（县）政府，积极发展以南药益智、牛大力为主的林下特色产业，成为当地重要的脱贫致富产业。

▲ 图4-41　益智的花枝

▲ 图4-42　益智的果枝

（3）牛大力

牛大力，为豆科鸡血藤属植物美丽鸡血藤，以根入药，作为一种药食同源植物在热带雨林黎族和苗族山区广泛种植（图4-43和图4-44）。传统认

▲ 图4-43　市场上出售的牛大力

▲ 图4-44　牛大力原料植物——美丽鸡血藤的花枝

为，牛大力具有补虚润肺、强筋活络、止咳平喘、提高免疫力的功效，是滋补强身的养生佳品，素有“南方小人参”的美誉。黎族和苗族人素有用牛大力炖汤、泡酒的习惯。

（4）油茶

海南油茶，本地习惯称为海南山柚（图4-45和图4-46）。与大陆普遍栽培的普通油茶不同，海南种植的主要是越南油茶。海南油茶种植历史悠久，至少可推至明代。得益于海南热带雨林得天独厚的气候、地理优势，海南油茶的挂果期和盛产期分别比国内其他产区提早1～2 年。此外，相比普通油茶，海南油茶所产茶籽油异香扑鼻且无苦味，品质明显高于大陆其他茶籽油，价格也高出其数倍，是中国茶籽油中的王者。

▲ 图4-45　油茶的花枝

▲ 图4-46　油茶的果枝

（5）五指山野菜

五指山野菜，又名树仔菜，为大戟科植物守宫木的商品名，其实是一种人工栽培的木本蔬菜，因最初盛行于五指山区而得名。树仔菜的嫩梢细嫩多汁，口感脆爽，炒食、煮食均可。在海南，常见的做法有清炒树仔菜、树仔菜鱼汤等。

（6）红白藤

红白藤是红藤、白藤、黄藤等热带藤类的总称。海南热带雨林国家公园高温潮湿，雨水充沛，是棕榈藤的原生分布区，世居其中的黎族有以红白藤为材料编织物品的悠久历史。黎族人从雨林采回藤后，经过加工翻晒、削片等处理，便可以编织各种生活用具，如藤椅、藤篮、藤席、果盘等。《黎岐纪闻》中有“黎产唯藤之利最大”的记载。在唐代，琼州藤器已行销内地，明清时期更成为外销的大宗商品。

▲ 图4-47　由红藤编织的腰篓和“星月菩提”的原料——红藤果

红白藤中的红藤果是制作文玩菩提“星月菩提”手串的原材料，市场价格高昂（图4-47）。市场上最好的“星月菩提”产自海南热带雨林国家公园的五指山地区，特别是五指山市和保亭县的一些地区，尤以保亭西部的毛感乡最为著名。

三、朴素自然观

海南黎族和苗族信奉万物有灵，盛行自然崇拜、图腾崇拜和祖先崇拜，崇拜对象多种多样，认为宇宙万物、人世间祸福皆由鬼神主宰。其中，关于动物守护神的图腾崇拜及与风水林保护有关的植物崇拜均渗透到了黎族和苗族社会经济、生活、文化的方方面面，反映了黎族和苗族人民与热带雨林紧密的联系。相关的崇拜与禁忌，除了能凝结黎族和苗族部落内部人心，促进村落发展，更有保护雨林生态的作用。这些习俗确保黎族和苗族人能对自然索取有度，约束着族人乱砍滥伐的行为。

在自然崇拜盛行的古代，海南热带雨林多雷雨、多台风的气候环境使得世居于此的黎族形成了“天上怕雷公、人间怕祖公、大地怕台风”的思想观念，出现了大量跟雷公有关的信仰传说。

海南苗族的宗教信仰神祇是盘皇神，并且随着民族的迁徙、文化交流发展，汉族的道教和西方的基督教也在苗族地区传播，部分苗族区域开始崇拜“三元”神和“三清”神，以及原始宗教与基督教相结合派生出来的盘皇上帝。

（一）图腾

黎族的图腾崇拜大概是与黎族的母权制氏族社会同时产生的，其特点是认为自身村寨氏族和热带山林里某一动植物种类之间存在着某种联系（图4-48和图4-49）。

对于生活在雨林溪流的黎族先祖而言，熊、蛇一类的爬行动物等极具威胁。它们身上令人畏惧的种种特质在黎族先祖心中逐渐幻化成了超自然的神灵。黎族人将它们作为代表氏族的图腾，以求庇佑。而能自由翱翔天际的鸟类，具有灵活的身姿、敏锐的眼神，这些人类所崇尚的特质激起了黎族先民对其无尽遐想和崇拜，通过黎族先民的幻想加工，演变成一幕幕传说。至于蛙类、鱼类产卵众多，具有很强的生育能力，自古便被黎族认为是人丁兴旺、多子多福的象征。在后期与汉文化的交汇中，蛙、鱼还被赋予了“年年有余”的寓意，从祈愿人丁兴旺延伸到对世俗富裕生活的向往。

动物图腾文化发展到一定阶段，便产生出了偶像崇拜。这个时候，动物便化身为守护神，化作了艺术形象，出现在黎族的文身、织锦、发饰、歌舞、祭祀仪式等文化之中。各种动物一步步由现实的具体存在转变成超现实的抽象幻想，变成饰物，变成舞蹈仪式，变成通神的圣物，并最终演变成了观念上的神。它们作为保护神，既是黎族共同的想象，也是团结族内的重要精神语言。

▲ 图4-48　悬挂在房梁上的水鹿角

▲ 图4-49　黎锦上的动物图案是黎族图腾崇拜的一部分

（二）神山林

在黎族和苗族万物有灵的观念里，植物被赋予了某种超自然的力量，森林、大树都有灵魂，是先祖的化身。

许多苗族的村寨建成后，对生长在村周围的参天古木都尽量守护。许多黎寨村舍、墓地周围都有保存着原始状态的神山林，即我们常说的风水林。他们认为，先祖过世后，会化身为树木或是飞鸟，居住在墓地周围的神山林里。因此，黎族各地有不成文的习惯法，严禁砍伐神山林，以免惊动鬼神。此外，每年正月选择山栏地时，黎族头人要到深山密林举行祭祀山神仪式，以求得山神的宽恕。

在海南热带雨林国家公园里的白沙县、昌江县、保亭县等黎族聚居区，就保存着许多乔木高耸的神山林。这些神山林中，树冠浓密，乔、灌、草垂直成层现象明显。例如，在白沙县南开乡高峰村村民委员会的神山林里，野荔枝、乌墨、秋枫等乔木高高耸立（图4-50）。

▼ 图4-50　村庄周边高大稠密的树林就是神山林（白沙县高峰村）

五指山一峰，无限风光尽收眼底

第五章

出行指引篇：纵览海南热带雨林

一、尖峰岭

海南热带雨林国家公园地形以山地为主，公园内群峰林立，山峰形状千姿百态、各具特色。其中有一座山的主峰形状如尖锐的刀锋，因而得名“尖峰岭”。

尖峰岭片区位于海南热带雨林国家公园西部，地跨乐东、东方两县（市），是我国现存整片面积最大、保存最完好、生物多样性指数最高的热带雨林之一，2005年被《中国国家地理》评为“中国最美十大森林”。

尖峰岭主峰海拔1412米，为海南第六高峰，紧邻海岸线，距尖峰镇岭头港仅十余千米，是海南热带雨林国家公园唯一具有山海相连景观的片区（图5-1）。从山上向西俯视，近处苍山绿岭，蜿蜒匍匐；远处碧海蓝天，一望无际。山海景观浑然一体，美不胜收。

尖峰岭山体连绵、沟谷幽深、溪流纵横，蕴藏着丰富的动植物资源，被誉为“热带北缘生物物种基因库”。区内古树参天、藤蔓交织，空中花园、绞杀、板根、独木成林等典型雨林特征的植被景观随处可见。这里还分布着海南山鹧鸪、海南孔雀雉等珍稀濒危鸟类，是在海南观赏林鸟的首选之地。

尖峰岭著名的景点有尖峰岭主峰、天池、十八罗汉山、龙源谷、雨林谷、蝴蝶谷、虎啸龙吟、三叠泉瀑布、玉女池、鸳鸯瀑布、神鹿树等，每个景点都有独特的景观风貌。目前已开放近10个景点，景区内有2条山间公路通往各开放景点。通往天池方向的公路可到达将军岩、峰海亭、清风亭、鸣凤谷、天池、雨林谷。通往主峰方向的公路可到达神鹿树和尖峰岭主峰。略有遗憾的是这两条公路暂时未形成环线，到达

▲ 图5-1　尖峰岭主峰，是绝佳的日出观赏点
谷峰/摄

天池和雨林谷的游客需原路返回起点，才能进入通往主峰的公路，反之亦然（图5-2）。景区内有一条连接天池、雨林谷、南巴河、南中、神鹿树的大环线，因部分路段崎岖难行，鲜有人挑战。未来随着南巴河、南中景区建成开放，这条环线也将得到修缮，届时环游尖峰会是一段轻松畅快的旅程。

海南热带雨林国家公园各片区中，尖峰岭片区旅游开发起步较早、景区运营较成熟、基础及配套设施较完善、科普宣教及导览设施较齐全，为AAA级旅游景区。尖峰岭紧邻海南环岛西线高速公路，海南环岛高铁设有尖峰站，交通十分便利，是访客进入海南热带雨林国家公园的重要门户。

▲ 图5-2　尖峰岭片区主要游憩资源分布图　林兆茵/绘

（一）游憩资源

1.海南热带雨林国家公园尖峰岭分局科普馆

科普馆位于尖峰镇上，面积290平方米。科普馆以图文和实物集中展示了尖峰岭片区的发展历程、保护成效、功能区划和建设成果，并陈列了片区立体沙盘模型及部分尖峰岭珍稀动植物的标本，是全面了解海南热带雨林国家公园尖峰岭片区的好去处。科普馆目前暂不向散客开放，团队参观需要预约。

2. 中国林业科学研究院热带林业研究所试验站热带树木园

中国林业科学研究院热带林业研究所（以下简称中国林科院热林所）试验站位于尖峰镇，是我国热带珍贵树种保存与利用研究示范基地，保存了许多珍稀濒危和特有树木的种质资源。热带树木园始建于1963年，目前已收集、保存热带南亚热带树种1500余种，其中，国家级和省级保护树种120种，濒危树种46种，是我国最南端、收集热带树种最多的树木园（图5-3）。

试验站同时承担林业科学普及项目，依托优越的自然环境常年开展热带雨林特色自然教育活动，是全国林业科普基地、爱自然基金会自然教育基地。这里是植物爱好者及学生认识热带植物的最佳场所，参观及开展自然教育活动需预约。

3. 将军岩和峰海亭

将军岩位于从景区入口前往天池的盘山公路中段，形似一位威猛英武的大将军（图5-4）。民间相传将军岩是观音菩萨的护法弟子——惠岸行者的化身。惠岸行者是当地人民心中的英雄，每逢五月初五，尖峰岭周边的黎族村民在洗龙水之前都要对着将军岩祈祷，求其庇佑。2005年的台风“达维”造成将军岩部分岩石崩落，现在已看不出将军原来的样子。但人们相信，将军依旧镇守在此，保护着脚下的这片土地。

▲ 图5-3　中国林业科学研究院热带林业研究所试验站热带树木园的湖光山色

▲ 图5-4　将军岩是最适合观赏尖峰岭主峰的地方

将军岩旁边的将军台，是一处绝佳的观景台。在这里能欣赏尖峰岭的林海和雾海，还有机会看到轮廓清晰的尖峰岭主峰。峰海亭位于将军岩下方，从将军岩沿青石板小路步行约200米即可到达。峰海亭屹立于崖顶，上承尖峰下瞰大海，故而得名峰海亭。

4.清风亭

清风亭位于天池盘山公路的上段，右拥清风台，背倚清风岩，依山而立，清风徐徐，故名“清风亭”。这里视野开阔，风景别致，是尖峰岭又一处绝佳的观景宝地（图5-5）。

清风亭共有2层，小巧玲珑，古色古香。登上清风亭，可饱览尖峰岭的四海奇景：林海、云海、雾海、大海。向下鸟瞰，原始热带雨林树木茂密，枝叶繁盛，山风吹来，树木随风摇曳，宛如一片绿浪翻滚的海洋。在每日清晨或阴雨天，雨林充沛的水汽形成白茫茫的雾海，雾气伴随着清风，时而飘摇翻涌，时而在山林间穿梭游走，让人仿佛置身于缥缈的仙境之中。阳光明媚时，水雾散去，远方的龙沐湾尽收眼底，蔚蓝的大海波光粼粼，海天一色远无边际。

▲ 图5-5 在清风亭可以俯瞰海南西海岸的美丽景色 陈开魁/摄

5. 天池

天池位于尖峰岭海拔820米的高山盆地中，拥有600多亩的宽阔水面，是海南热带雨林中少有的高山人工湖。传说它是南海观音沐浴净身之地，民间有“北有天山瑶池，南有尖峰天池”之说。天池景区夏季平均温度为22℃，是海南最著名的避暑胜地。

天池是尖峰岭片区的主要景点之一，这里群山环抱，湖光山色交相辉映（图5-6和图5-7）。18座千米以上的山峰环绕着天池，这十八座山峰层峦叠翠、形态各异，被当地人称为“十八罗汉山”。

天池景区，是尖峰岭片区主要旅游集散地，酒店和餐饮服务设施完备，其前身是尖峰岭林业局天池林场，所以这里也是天池云雾茶、红心橙、三华李和天池白菜的主要产地，不管是研学教育、观光旅游还是度假休闲，天池都值得一来再来。

▲ 图5-6　天池碧水、蓝天、绿树、红瓦，宛如人间仙境

▲ 图5-7　被热带雨林环绕的尖峰岭天池

6. 鸣凤谷

鸣凤谷位于天池西侧，距离天池2千米，属典型的热带山地雨林。这里茂密的植被为鸟类提供了完美的栖息环境，是尖峰岭的鸟类天堂（图5-8）。步入鸣凤谷，最吸引你的一定是悦耳的鸟类鸣唱声，或悠长或短

▲ 图5-8　在鸣凤谷可以看到带着长枪短炮的观鸟者

促，或清脆或婉转，融汇成幽深山谷中一曲曲美妙的旋律，鸣凤谷正是因此而得名。

鸣凤谷建有环形栈道，栈道全长2.5千米。如果能沿着栈道缓慢、安静地前行，密林深处不时窜出的海南柳莺、淡紫䴓、银胸丝冠鸟、鹟雀、黄胸绿鹊等林鸟准能让你大饱眼福。当发现栈道边的坡地上传来轻微响动时，请不要出声，耐心守候，或许就能看到白鹇、海南孔雀雉在悠闲地觅食。行至开阔处，还能在树顶上一睹塔尾树鹊（图5-9）、古铜色卷尾、大盘尾的风采。抬头眺望，不时有蛇雕、黑鸢等猛禽在空中展翅翱翔。

鸣凤谷另一大看点是热带山地雨林景观（图5-10）。这里古木林立，树种繁多，被誉为热带雨林博物馆。在栈道旁边，可以看到高大的板根；可以看到植物绞杀现象的前、中、晚期等不同过程；可以看到高大树木上挂着一丛丛由蕨类、兰花和藤蔓编织而成的“空中花园”；还可以看到藤萝交织、藤树缠绕的奇异景象。

▲ 图5-9　塔尾树鹊

▲ 图5-10　站在鸣凤谷观景平台，可以从另外一个角度观赏尖峰岭主峰

7. 雨林谷

雨林谷位于天池以东，距天池13千米。这里三面环山，一泓清流随着山势蜿蜒而下，贯穿了整个雨林谷。

与鸣凤谷的山地雨林不同，雨林谷为沟谷雨林景观。雨林谷河流水量充沛，谷内溪长水清，怪石嶙峋，急剧下降的落差形成许多瀑布和水潭，有十瀑百潭之称，是尖峰岭“玩水”的最佳景点。

景区栈道依河谷而建，一侧潺潺的流水沿河谷向下流淌，另一侧翠绿的林海依山坡向上延伸，山景、水景尽收眼底（图5-11和图5-12）。沿着栈道前行可以到达雨林谷度假村，再往前走，就能到达著名的子京瀑布。

▲ 图5-11　雨林谷栈道

▲ 图5-12　沟谷雨林景观　陈开魁/摄

8. 神鹿树和神鹿亭

神鹿树位于尖峰岭主峰方向的南崖管护站。神鹿树是一棵高约30米的高山榕（图5-13）。神鹿树的形成是典型的支柱根现象，当榕树在高枝上长出气生根后，不断生长的气生根扎入土壤，并从土壤中吸收养分，气生根便逐渐长成了支柱根。三枝巨大的气生根加上原有的茎，形成了四条“鹿腿”支撑着它粗壮的树身。倾斜向上的树身构成了“鹿”的躯干，树身端部如颈细长，两条斜枝分向如角，整体形似一只神鹿。

▲ 图5-13　神鹿树其实是一棵高大的高山榕

神鹿树旁边有一座观景台，因靠近神鹿树而得名神鹿台。从神鹿树通过一段阶梯向上攀登即可到达神鹿台，这段阶梯有一个好听的名字——“一鹿高升”梯。神鹿台顶层是视野绝佳的观景平台，从这里眺望四周，北、东、南三面群山环绕，满目苍翠；西面则豁然开朗，直面北部湾，山下的乡镇村庄错落有致。站在这里，宛如从仙境俯视人间。

9.尖峰岭主峰栈道

尖峰岭主峰海拔1412米，是尖峰岭片区的最高峰。以“山壁陡峭、状如毛尖、刺破青天”而著称。尖峰岭主峰修建有约1.8千米的登山道，山顶建有观景平台（图5-14和图5-15）。登山道起点海拔960米，登顶需1个小时左右。栈道沿途主要是山地矮林植被，可以观赏到杜鹃、吊钟花等高山花卉。

无限风光在险峰。登上峰顶，一览众山小的豪迈气概油然而生，放眼望去，巍巍群山在脚下匍匐，林海、云海、雾海、大海四大奇观尽收眼底。云开雾散时，西面的南海和龙沐湾清晰可见，目光沿着下降的山脊缓缓移向海边，苍山连碧海、白云衬蓝天，一幅山海相连的壮阔景致展现在眼前。

尖峰岭主峰还是海南最著名的日出观赏点，许多游客会专程在凌晨5点登上顶峰，一睹旭日从群山和云海中冉冉升起的壮丽景观。

▲ 图5-14 看似高不可攀的主峰其实在背面有步道可以登顶

▲ 图5-15 主峰观景平台 谷峰/摄

（二）美食和特产

1.天池鱼

尖峰岭天池是海南海拔最高、面积最大的高山湖泊，湖水由四周的雨林注入，水质优良、水温较低。湖中的鱼类肉质细腻、味道鲜美，是来到尖峰岭不可错过的美味。

▲ 图5-16　天池经常云雾环绕的小气候很适合茶树的生长

2. 天池白菜

天池白菜是尖峰岭的特色蔬菜，种植于天池周边，用山泉水灌溉，鲜脆可口。冬季出产的天池小白菜最受食客欢迎。

3. 天池云雾茶

高山云雾出好茶。天池周边的山坡海拔在800米以上，这里常年云遮雾罩。出产的茶叶采摘自天然生长或有机种植的茶树，用手工炒制，茶汤色绿香浓，味道甘醇，是尖峰岭最著名的特产（图5-16）。

4. 尖峰红心橙

尖峰岭中、高海拔地区平均温度底、昼夜温差大，出产一种特色水果——“尖峰红心橙”。这种橙子果皮金黄、果肉橙红，酸甜适度，口感细腻。春节前后橙子成熟，游客还可以进入果园采摘，品尝自己亲手挑选的美味鲜橙。

（三）辅助信息

1. 住宿

（1）桃花源酒店

桃花源酒店位于天池旁，依山傍水，有客房61间，能提供住宿、膳食、会议接待服务（图5-17）。

（2）椰林湾农家乐

椰林湾农家乐位于尖峰镇，距离景区大门400米。综合服务设施齐全，拥有

▲ 图5-17　依山傍水的桃花源酒店

客房31间，庄园内有果园、菜园、餐厅及休闲散步小径，还有鱼塘可供游人垂钓。

（3）民心农家乐

民心农家乐位于尖峰镇，距离景区大门500米，集种植、养殖、餐饮、住宿、娱乐休闲于一体，拥有客房共51间。

2.门票

景区收费处设在景区入口，门票价格55元。

二、霸王岭

海南热带雨林国家公园霸王岭片区的前身是霸王岭林业局，曾经的海南四大林区之一。现在的霸王岭片区，除了霸王岭林业局的范围以外，还包括猴猕岭保护区、俄贤岭保护区（图5-18）、大广坝水库和昌江县王下乡，是海南热带雨林国家公园七大片区中面积最大的片区。霸王岭的名字听起来很是“霸气”，但它和历史上叱咤风云的“西楚霸王”却没有什么关系。“霸王”二字是黎语的音译。曾经的霸王岭山高林密，常有黑熊出没，当地的猎人经常听到黑熊的叫声。由于黑熊叫声和狗非常相似，而在黎语中“狗”的发音为“坝”，故当地黎族人称此岭为“坝王岭”，意思是“狗汪汪叫的山岭”。霸王岭原来叫“坝王岭”，在1997年正式改为“霸王岭”，这大概是寓意在森工转产中要成就霸业吧。

▲ 图5-18　登上俄贤岭山顶，如同站在了龙脊上，眼前是一片壮阔的喀斯特山地景观

霸王岭片区的生态旅游资源非常丰富，在霸王岭的原始森林里可以听松涛猿鸣，观参天古树；在王下乡可以品黎族风情，赏十里画廊；在俄贤岭可以登熔岩石山，游广坝

湖景；在七叉镇可看木棉盛放，享田园风光（图5-19）。霸王岭可以说是海南热带雨林国家公园里景观资源最丰富，旅游体验最多样的片区，原霸王岭国家森林公园为AAA级旅游景区。

霸王岭的动植物资源也很独特，园区分布着特有的天然南亚松林、雅加松林、陆均松顶级群落林以及最古老的野荔枝林，有“霸王归来不看树”的美誉。全球最珍稀濒危、海南特有的灵长类物种——海南长臂猿目前也仅见于霸王岭。它们被称为“雨林精灵”，隐匿在核心保护区的原始雨林中，难以与访客相遇。不过如果你有机会到访白沙县青松乡苗村，还是有机会在大清早听到海南长臂猿的悠扬鸣声的。

▲ 图5-19　霸王岭片区主要游憩资源　林兆茵/绘

（一）游憩资源

1. 雅加景区

雅加景区主要分布着“情道”“霸道”“天道”3条游览栈道，并建有设施完善、环境优美的雅加度假（会议）中心。

“情道”长约800米，是雅加景区三大观光栈道之一，它是以浪漫爱情为主题的游览线路，是景区山、水、林、石结合得最好的景点。在“情道”上，有“情人桥”“情人岛”“鸳鸯潭”“情侣瀑”“情人谷”和“夫妻石”等景观。这条栈道步行距离短，景观丰富，适合体力不佳或游览时间比较紧的访客。在“情道”的尽头，可以观赏到霸王岭的第一瀑——雅加大瀑布（图5-20），它的落差达150米，岩面宽30米，尤其是雨季时节，酷似一幅巨大的银色幕布，幕布前时有“银龙”咆哮着猛扑下山，发出惊人的轰响，宛如万马奔腾，非常震撼。

在雅加大瀑布的旁边，就是“霸道”的入口，“霸道”长约1.4千米，依山就势，沿着石滩河床铺设而成，是领略霸王岭之霸气的绝佳之处。顺道而上，除了可以观赏到霸王岭热带雨林的奇特景观之外，还可以观赏到霸王岭特有的波浪形石滩，以及石滩中形态各异的深潭和怪石（图5-21）。

沿着“霸道”在山中前行，栈道尽头的山顶的观景台便是“霸道”与“天道”连接点。“天道”是“追求成功”之道，长1.5千米，集长、高、陡于一身。攀行在“天道”，不时会钻出遮天蔽日的原始森林，看到广阔的天空和绵延的群山（图5-22）。

▲ 图5-20　雅加大瀑布

▲ 图5-21　在“霸道”上俯瞰雅加大沟

▲ 图5-22　“天道”上的古榕树

2. 白石潭景区

白石潭景区坐落在原霸王岭东一林场，包括“钱道”和白石潭（图5-23）。“钱道”是白石潭景区主要的观光栈道，它全长1.3千米，是以中国吉祥文化为主题的栈道。人们常说“绿水青山就是金山银山”，霸王岭的绿水青山处处有金、样样是宝，把这条通往金山银山的路称为“钱道”（图5-24），难道不贴切吗?

“钱道”所处的森林类型属于低地雨林，或称为沟谷雨林。这里林木高大稠密，雨林特征明显，集中汇集了霸王岭“热带雨林八大奇观”：老茎生花、独木成林、滴水叶尖、植物绞杀、根抱石、大板根、大型藤本、空中花园等。除了热带雨林景观外，景区还打造了聚财阁、霸王神龟、钻钱眼、金元宝、五谷丰登、三元及第等充满中国吉祥文化色彩的景观，民俗文化与自然景观在此融汇，尽展奇妙。

▲ 图5-23　白石潭景区是离长臂猿栖息地最近的景区，在售票处有漂亮的长臂猿彩绘

▲ 图5-24　白石潭的主要景点“钱道”

3. 七叉镇

昌江是著名的“木棉之乡”，昌江木棉花的观赏时间是每年的一月末至三月。一年一度的木棉花节会依照木棉花期不定期举办。最佳的木棉观赏区在七叉镇和霸王岭林业局周边区域。霸王岭下，昌化江畔，黎村苗寨旁一树树火红的木棉花总能吸引大批游客流连忘返。

为方便游客观赏木棉美景和田园风光，在七叉镇修建了多个观景台。其中，最值得推荐的是宝山村梯田木棉观景台（图5-25和图5-26）。在这里可俯视整个七叉盆地，眼前就是连片的红木棉和绿田野，还有隐藏在树丛中的小山村飘出的袅袅炊烟，好一派田园美景。另外，昌化江畔木棉观景区也别具特色，景区设有造型别致的观景亭及木栈道，不仅可以欣赏木棉花的美艳，还可以观赏昌化江奔涌向西、两岸群山逶迤的美景。

另外，位于霸王岭风情小镇的后山栈道也值得一游。栈道长约1.5千米，穿行其中可以一睹低海拔半落叶季雨林的风貌；在栈道最高点的观景平台，可以通览霸王岭的山水田园景观。

▲ 图5-25　在七叉镇可以观赏到木棉田园风光

▲ 图5-26　从宝山村木棉观景平台俯瞰七叉盆地

4. 王下乡

王下乡地处霸王岭腹地，曾是昌江县最偏远贫穷的纯黎族乡镇。2018年，王下乡获评海南唯一的“绿水青山就是金山银山”实践创新基地。2019年，昌江县将王下乡打造成“黎花里”文旅小镇（图5-27）。现在王下乡依托海南热带雨林国家公园天窗社区的区域优势，积极发展生态旅游，一直藏在深闺里的热带雨林喀斯特景观和黎族风情正在掀开其神秘的面纱。

▶ 图5-27　王下乡“黎花里”景区入口

（1）皇帝洞

皇帝洞位于王下乡的五勒岭下，因为有地下水沿可溶性石灰岩裂隙处冲刷，经年累月后溶蚀成为一个溶洞（图5-28）。溶洞依山傍水，从洞口望出去可以看到碧绿的南绕河（图5-29）。

皇帝洞洞长120多米，宽近50米，高约20米。在洞的东南方，有90米长的天然形成的“太师椅”，两侧站有两排石卫士，椅上坐着一石人，酷似皇帝正坐，故此得名“皇帝洞”。在洞的中段，有一个钟乳成林的拱形洞厅，地下水在这里塑造了极具特色的钟乳石群：有的形似盆、盘等生活用品，有的极像牛、虎等飞禽走兽。

皇帝洞也是一个古人类活动遗址，这里曾出土过属于新石器时代的石斧、石锛、贝壳和鸟骨化石，表明这里曾是早期人类的居地。

走进皇帝洞，首先感受到的是它的宽敞和凉爽，和洞外的酷热天气不同，洞内是一个清凉的世界，不知从哪里吹来的微风和洞顶淅淅沥沥落下的水滴让人神清气爽。从洞里往外看，青山绿水点缀着如火的木棉，像镶嵌在一个巨大的画框中，更加令人神往。待眼睛适应了洞中黑暗的环境，洞顶的遒劲的岩石纹路和分布其间的小钟乳石便映入眼帘。思绪回到远古时期，那时的人们也应该在同样的岩顶下生活、集会，获得庇护，不禁让人浮想联翩。

在皇帝洞的尽头，顺着梯子往上走，可以体会到“别有洞天”的意境。走过一小段石阶，就来到了另一个稍小的溶洞。洞口有一个巨大的钟乳石直垂到地上，形成一根石柱。当地的村民视其为神祇，焚香供奉。

▲ 图5-28　皇帝洞是一个未做彩灯装饰的原生态石灰岩溶洞

▲ 图5-29　在洞口可以观赏美丽的南绕河

（2）十里画廊

十里画廊紧邻皇帝洞，从皇帝洞沿河岸公路继续前行2千米就能看到这一片如诗如画的石灰岩高山峡谷景观。十里画廊风景独特奇秀，由于石灰岩长期受水的溶蚀，形成了南绕河峡谷及河道两旁巨大岩壁组成的如画的美景。

初见十里画廊，让人有置身于长江三峡或阳朔山水中的错觉（图5-30）。河道两旁的青山、奇石、雨林在巨大岩壁上组成巧夺天工的画面，在河水倒映下，这些画卷灵动又广阔。沿南绕河巡游，让人感觉像是走进了连绵不断的长篇画作中。尤其是在每年1～2月木棉盛开的季节，火红的木棉点缀在山水之间，如同鲜活的青绿山水画长卷。

▲ 图5-30　十里画廊让人有置身于长江三峡或阳朔山水的感觉

（3）三派村

“黎花一里·诗里画里”三派村是王下乡政府的所在地，也是到王下旅游的集散地，是一个颇具魅力的美丽乡村（图5-31）。这里的民居外墙绘有展

▲ 图5-31　三派村拥有在海南难得一见的喀斯特田园风光

现黎家生活、建筑、传统农耕及昌江自然风光的精美墙绘，用文字和画面展现了黎族的人文历史。步入村庄，就像走进了流动的黎族文化博物馆。

三派村还有一座滨河公园，是一个休闲的好去处。漫步其中，看黎家的孩子们在溪边戏水，欣赏黎乡田园风光，好不惬意。

（4）洪水村

洪水村曾经是昌江县最为偏远贫困的黎族村寨，现今化身为“黎花二里 · 时光里”，成为隐身于群山当中的世外桃源。

来到洪水村，坐在村中长廊的藤椅上，眼前是一望无边的绿油油的稻田，远处是满眼青黛的群山，身后是古朴的船型茅草屋民宿（图5-32）。

当夜幕降临时，梦幻的灯光秀在洪水村闪亮登场，整个灯光秀利用先进的灯光技术以及交互设备营造出梦幻的黎村场景，将黎族特色文化投影在墙壁和屋顶上；在周边的稻田中，利用闪烁的激光灯在旁边的稻田里模拟萤火虫；利用激光设备在远处的山体上投影动物运动与黎族图腾等。多种灯具照射着地面与树丛，配合上烟雾装置，让人仿佛置身梦境，穿越回古老的黎乡。

▲ 图5-32　洪水村除了有船型屋民宿，还有独具热带特色的田园风情

（5）浪论村

“黎花三里 · 酒里歌里”浪论村是王下乡美丽乡村建设的重点项目。这里地处霸王岭深处的山水灵地，境内风光旖旎，黎风浓郁。浪论村村民心灵手巧，女人会织锦，男人会制作牛皮凳，这两项传统技艺在村中代代相传。

浪悦 · 黎奢主题民宿就坐落在浪论村。它青山临河，野趣盎然，是海南省首家黎族野奢度假民宿。

民宿的建筑采用仿木结构，茅草屋顶，颇具黎族民居的特点，自然地融入当地环境。民宿内部的装潢也透出浓浓的自然派黎乡风格，实木的边桌和天花板、藤编的家具、黎锦，轻奢的风格透出自然的气息（图5-33）。

离浪论村不远，有一处天然游泳场，青山绿水之间，一方茅草亭安置其间。如果您想体验在山林、奇石中游泳的畅快，一定不要错过。

▲ 图5-33 浪论村的民房已经改造为新式的小洋楼，但村子里还是保留了不少黎族的特色文化

5. 俄贤岭

俄贤岭位于东方市与昌江县交界处，距八所镇约60千米（图5-34和图5-35）。俄贤岭呈西北一东南走向，最高海拔1238米，山势巍峨、山体陡峭，树木茂盛，由9座姿态各异的山峰组成，犹如9个巨指直指天顶。与海南热带雨林国家公园的其他山峰不同，俄贤岭呈现出典型的喀斯特地貌，它的山体由石灰岩构成，虽然看起来坚硬，却溶于水，在常年水流的侵蚀作用下呈现出如刀削斧劈的形状，是海南岛面积最大、垂直落差最大的岩溶地区。

俄贤岭在喀斯特地貌上发育出了完好的热带雨林景观。异于我国西南地区大部分石灰岩山体植被低矮的情况，这里是海南岛特有植物物种最富集的地区，生长着63种石灰岩生境所特有的植物。

俄贤岭流传着黎族少女俄娘为阿贵哥报仇，怒杀乌鸦精的故事。为纪念俄娘，黎族人就把这半山上的洞取名为俄娘洞，这座山也因此得名为俄娘九峰山，也就是俄贤岭。每年三月初三这一天，周围的未婚黎族青年男女都盛装打扮于此集会，唱着情歌寻找自己的意中人。

俄贤岭景区位于东方市东河镇南浪村，目前有一条长约3千米的登山环

▲ 图5-34　在东方市俄贤村仰望俄贤岭

▲ 图5-35　在昌江县王下乡俯瞰俄贤岭

▲ 图5-36　俄娘洞里的各色钟乳石和石笋发育良好

线木栈道，沿栈道前行可以欣赏到颇具特色的石灰岩雨林景观，以及充满了白色钙华沉积物的石灰岩瀑布和溪流景观。栈道的终点位于主峰东北面的半山腰的俄娘洞，洞内遍布钟乳石、石笋、石柱，在巧妙的灯光映照下宛若琼苑仙境，是海南少有的经过彩灯装饰的石灰岩溶洞（图5-36）。

6. 大广坝水库

大广坝水库位于东方市江边乡和东河镇，位于昌化江中游，是海南省第二大水库，是一个具有发电、灌溉、供水和旅游等综合经济效益的大型综合性水利工程。水库下坐落着一个村名为广坝村的黎族村庄，因此而得名大广坝水库。大广坝水库于1995年建成，水库面积100平方千米，大坝长度约6千米，坝高144米，是亚洲第一大土坝。

站在高高的大坝上，只见一侧是碧波万顷的湖光山色，另一侧是阡陌交通的田园风光。遥望远处，俄贤岭与猴猕岭分列左右，蜿蜒青山以柔美的线条托着云雾、蓝天，与灵秀的昌化江水相映成趣，组成一幅恬静柔美如仙境般的南国山水画卷。在保梅村附近的湖岸为俄贤岭的余脉，湖光山色美如画卷，素有“海南小桂林”之称（图5-37和图5-38）。

▲ 图5-37　大广坝水库和俄贤岭

▲ 图5-38　大广坝水库的“海南小桂林”

（二）美食和特产

1. 霸王炸蛋

这道菜有一个惊悚的名字，但口味却酸酸甜甜，深得食客的喜爱（图5-39）。炸蛋选用本地的鸭蛋，用油煎荷包蛋的做法烹饪，浇上酸甜的酱汁，一口咬下去既有蛋白的焦脆口感，又有溏心蛋黄的顺滑鲜甜，令人回味无穷。

2. 昌江芒果

昌江是名副其实的芒果之乡，“昌江芒果”是原农业部批准登记保护的地理标志农产品，它香味浓郁，皮薄核小，汁多肉厚，纤维少，是有名的热带佳果。昌江县芒果种植面积5.6万亩①，主要品种有‘台农1号’‘鸡蛋’‘白象牙’‘青皮’‘金煌’等（图5-40）。霸王岭山下的七叉镇是昌江最主要的芒果产区。

▲ 图5-39　酸甜可口、外酥里嫩的霸王炸蛋

▲ 图5-40　‘台农1号’芒果

①1亩=1/15公顷。下同。

（三）节庆和活动

昌江县有“中国木棉之乡”的美称，每年2~3月，在木棉花盛开的季节，都会开展“昌化江畔木棉红”旅游文化活动月（简称“木棉花节”，图5-41）。自2012年以来，已经连续举办了8届。随着木棉花红遍山间路旁，慕名前来昌江赏花拍照的市民游客也络绎不绝，春天到昌江看木棉花已成为海南岛西部旅游的热点之一。霸王岭分局场部到七叉镇一带是昌江木棉最集中地方，尤其宝山村附近，是木棉花节的“主会场”。

▲ 图5-41　木棉花节是春天的节日

（四）辅助信息

1.住宿

（1）雅加度假（会议）中心（雅加山庄）

雅加山庄位于昌江县霸王岭雅加景区，距霸王岭旅游风情小镇约7.3千米，占地面积40亩，依山傍水，自然景观壮丽，空气负氧离子含量较高，拥有客房以及会议室、包厢、餐厅等配套设施（图5-42）。

▲ 图5-42　坐落在雅加大岭山麓的雅加山庄

（2）木棉客栈

木棉客栈位于霸王岭脚下的七叉镇苗村。客栈建有1栋配备16间客房的宾馆，4栋别墅，2套独立小木屋。在木棉花季入住木棉客栈，不仅可以感受到独特的黎族和苗族风情，也可以欣赏漫山遍野的木棉花，体验休闲惬意的农家生活。

（3）浪悦·黎奢主题民宿

浪悦·黎奢主题民宿坐落于昌江王下乡浪论村。这里一共拥有13间风格各异的房间，从外形设计到室内装修，从建筑用材到家具装饰，都展现出传统黎族文化风貌。这里的餐厅设计自然质朴，餐食精致美味（图5-43）。如果您是高端民宿的拥趸，一定不要错过这里。

（4）洪水村民宿

昌江县王下乡洪水村是海南目前保存最完好的黎族船型屋村落之一，洪水村的船型茅草屋保留了古代黎族住宅的营造技艺，堪称黎族文化的活化石（图5-44）。这里的民宿坐落于青山、良田之间，无论是建筑风格还是内部装饰都透出浓浓的黎家气息，并有专业的民宿管理团队经营。如果您想体验黎家的田园风光，一定要来试一试。

▼ 图5-43　与浪论村融为一体的浪悦·黎奢主题民宿

▶ 图5-44　洪水村民宿是保存黎族传统船型屋民居的有益尝试

2.门票

雅加景区门票50元，购票可到达雅加景区的“情道”“霸道”“天道”。

白石潭景区门票50元，购票可游览“钱道”。

其他景区暂不收门票。

三、吊罗山

相传很久以前，吊罗山一带十年九旱，百姓生活苦不堪言，民不聊生。这一年又逢大旱，大地干裂，庄稼枯死，老弱病残的乡亲眼看就要饿死。山寨里一位正直勇敢的苗族青年南喜决心拯救乡邻。他历尽艰辛，攀爬到1499米的山顶，跪了七天七夜，向上天求取能降雨的“神锣”。王母娘娘被南喜的大义和至诚感动，派七仙女中最小的小妹去送“神锣”。小妹下到凡界，和南喜一起敲响神锣，顷刻间电闪雷鸣，大雨如注。小妹因爱慕南喜人品，决定不再返回天庭，和南喜结为连理。他们把“神锣”吊在寨子里最高的凤凰树上，从此这一带年年风调雨顺，百姓都过上了安稳的日子。“吊罗（锣）山”名称由此而来。

吊罗山片区位于海南热带雨林国家公园东区，主体为原吊罗山国家级自然保护区和吊罗山国家森林公园，地跨陵水、万宁、保亭、琼中四个市（县）（图5-45）。

吊罗山地处海南岛东南部，是全岛降水量最丰富的区域，年降水量最高可达2450毫米以上。这里热带气候最典型，水资源最丰富，加上地形起伏，高差大，形成了多河谷、多瀑布的特点，在海南热带雨林国家公园中得天独厚，享有“吊罗星瀑”“吊罗归来不看水”的美誉。吊罗山不仅有“海南第一瀑”——枫果山瀑布，还有石晴瀑布、大里瀑布和许多不知名的大、小瀑布散布在雨林中，拥有瀑下有潭、潭下有瀑的壮丽景观，堪称“百瀑雨林”（图5-46）。

吊罗山片区海拔跨度170～1499米，在海南六大林区中海拔最低，也是唯一保存有大面积低地雨林的区域。这里的低地雨林发育繁茂，是我国热

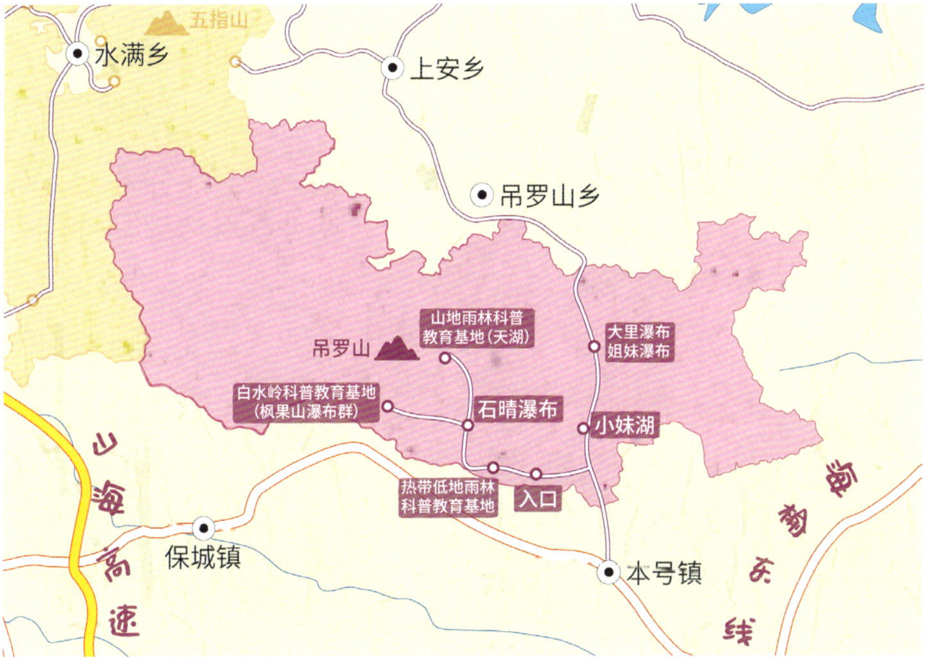

▲ 图5-45　吊罗山片区主要游憩资源　林兆茵/绘

带地区最接近“赤道热带雨林”的植被类型。吊罗山的维管束植物和脊椎动物在海南具有极高的典型性和代表性，这两类物种的特有种数量都超过海南相应特有种数量的50%，尤其是蕨类植物和两栖爬行动物的丰度极高。此外，在吊罗山近几年的调查监测中还发现了国家二级重点保护野生动物——小爪水獭，是该物种目前在海南唯一稳定的记录。

▲ 图5-46　吊罗山拥有海南最丰富多样的瀑布景观

吊罗山不仅自然资源丰富，人文资源也多姿多彩，乡土文化浓厚，有20世纪70年代知青上山采伐的奋斗史，有蒋介石空降特务及中国人民解放军反剿特务的传奇故事，有海南苗王聚众抗击日本侵略者最终壮烈牺牲的光辉历史，等等。古老又动人的传说给吊罗山增添了不少神秘的色彩，还赋予了吊罗山独具特色的锣文化，形成了别样的苗族、黎族民俗风情。

（一）游憩资源

1. 热带低地雨林科普教育基地

热带低地雨林科普教育基地依河谷而建，有生态游步道、观景台、动植物标本馆等设施。游步道用河滩石和木材铺筑，沿河谷延伸，游客可观赏河谷低地雨林的典型景观，也可探石戏水（图5-47）。动植物标本馆内陈列各类国家级和省级重点保护野生动植物的标本和照片，有特有植物、兽类、鸟类、蝙蝠、蛇、蝴蝶等，其中动物学家捐赠的云豹皮张是镇馆之宝（图5-48）。

▲ 图5-47　这是国家公园里海拔最低的栈道之一，能观赏到低地雨林景观

▲ 图5-48　云豹皮张是标本馆的镇馆之宝

2. 白水岭科普教育基地（枫果山瀑布群）

枫果山瀑布群是白水河流经枫果山时形成的。白水河由雨林孕育，从枫果山陡峭的山崖上连续跌落时，形成了壮观的枫果山瀑布群（图5-49）。瀑布群绵延1.5千米，整体落差350米，瀑面幅宽30米，大小瀑布10余级，飞花溅玉，蔚为壮观，被称为“海南第一瀑”。较大的瀑布有三幅，各具情态，其中的一级瀑布又美其名曰“彩虹瀑布”，因常现彩虹穿瀑奇观而得名（图5-50）。瀑布周围是茂密的热带沟谷雨林。

3. 石晴瀑布（水帘悬幕）

石晴瀑布距吊罗山度假村上山主干道路12千米，放慢车速便可尽情赏玩（图5-51）。它端庄秀雅，飞流蜿蜒跌宕，水汽如烟如雾，像害羞的少女披着一层银纱。用青石板打造的山间台阶步道，沿山体地形盘旋曲折。沿步道可下行

▲ 图5-49　枫果山瀑布群是海南最知名的瀑布之一

▲ 图5-50　“彩虹瀑布”　吊罗山分局/供图

▲ 图5-51　石晴瀑布既可在公路上远观，也可以走到跟前亲密接触

至河谷，近河谷底端设有亲水平台及木栈道，可将瀑布与河谷的景色尽收眼底，林间溪流汇成涌泉浩浩荡荡地从断崖上跌石而下，似万马奔腾，气势恢宏。

4.山地雨林科普教育基地（天湖）

位于吊罗山海拔900米处。天湖被茫茫原始热带森林环绕（图5-52），盛夏时节气温仅在22～26℃，可谓“避暑胜地”“自然康复中心”。景区内有吊罗山度假村和3条栈道。栈道分设于湖边、林缘和后山，可体验不同景致。尤其是后山栈道，穿梭于未经刀斧的原始山地雨林之中，沿栈道漫步溪流边还可轻松发现海南特有植物，是开展研学教育、自然探索的好场所（图5-53）。

“吊罗神树”是天湖景区一大亮点。“神树”实为陆均松，高约30米，胸径2米，是热带山地雨林特征明显的优势树种（图5-54）。据说，树长到500年便有灵气，1000年则凝聚神气，这棵陆均松已有1500多岁，故称“神树”。

▲ 图5-52　被雨林怀抱的天湖

▲ 图5-53　天湖后山栈道

▲ 图5-54　后山栈道上的陆均松

5. 小妹湖

▲ 图5-55　小妹湖四周全是茂密的热带雨林，殊为难得

这是陵水县域内最大的人工湖，于1966年建成。小妹湖四面青山环抱，岸线迂回曲折（图5-55）。湖水碧绿幽深，湖中散布着大小各异的小岛，错落有致。丰水期林木倒映，枯水季沙岸

凸显，沿山路驱车便可尽览湖光山色。

6. 大里瀑布和姐妹瀑布

位于小妹湖上游，景区内有大里瀑布和姐妹瀑布。大里瀑布又称“托南日瀑布”。“托南日”为当地苗语，有“仙女”之意，因其状如玉女临风，仙袂飘举而得名。瀑布落差80米，袅袅娜娜，形态飘逸（图5-56）。姐妹瀑布位于大里瀑布下游，两条小水瀑从石壁顶端倾泻而下，虽气势不及大里瀑布，但更显清雅秀丽的溪谷风光（图5-57）。瀑下深潭清澈见底，尤受当地青年男女青睐。

▲ 图5-56　大里瀑布

▲ 图5-57　姐妹瀑布

7. 大里村

大里村位于大里瀑布上游，地处吊罗山深处群山环抱的一块盆地之上，是近几年陵水县重点发展的美丽黎乡。村内设有民宿、农家餐厅、旅游服务中心等设施，不失为一处体验乡野民俗、享受悠闲周末的佳地。

（二）美食和特产

陵水酸粉是陵水当地特色小吃，2011年入选《海南省第三批省级非物质文化遗产名录》。陵水酸粉属“腌粉”，以大米磨浆制成丝状细粉，加入各种熟食配料和腌料搅拌而成。其腌料既鲜又酸，配料可有沙虫干、牛肉干、鱿鱼丝、鱼饼、小咸鱼、韭菜等十余种，再加入一小勺陵水“黄灯笼”辣酱，更是香、酸、辣三味俱全，味道极其鲜美，令人回味无穷。当地人操办喜事时，每桌必有一道陵水酸粉。

（三）辅助信息

1.住宿

（1）天湖度假村

天湖度假村是天湖的配套设施，位于海拔900米的天湖湖畔，由原吊罗山林业局新安林场改建而成，是海南海拔最高的度假村，有独栋别墅、木屋客房约60套，是开展自然体验、避暑养生的优选（图5-58）。

推荐指数：★★★★

▲ 图5-58　吊罗山度假村是森林康养的好选择

（2）雨林驿站

雨林驿站位于山下吊罗山风情小镇内，可满足基础入住需求。

（3）大里村民宿

大里村内有3家民宿，由政府扶持村民改造原有住房而设，可满足基础入住需求。

2.门票

景区收费站设在山下吊罗山风情小镇国家公园大门处，门票35元。购票可达枫果山瀑布群、石晴瀑布、天湖景区及沿途景点。

大里村、大里瀑布、小妹湖等处不收门票。

四、黎母山

打开海南岛地图，你会发现黎母山刚好位于海南岛的中心。也许古人对此早有察觉，因为尽管黎母山的高度并不占优，但却被誉为黎族人民的始祖山，是黎族文化的重要的起源地，在千百年的历史发展中也形成了独特的黎母山文化体系，有“黎族圣地”之称。同样由于位于海南中心的独特地理区位，黎母山同时是海南三大主要江河的水源地，南渡江、昌化江、万泉河如三条盘龙一般围绕在黎母山四周，各自奔流，故有“三江之源”之说。黎母山林木繁茂，物产丰富，自古盛产沉香等名贵香料和木材。沉香位居“沉檀龙麝”四大名香之首，又以黎母山产的品质最佳。李时珍在《本草纲目》中言：“占城(越南)不若真腊(柬埔寨)，真腊不若海南黎峒。黎峒又以万安黎母山东峒者，冠绝天下，谓之海南沉，一片万钱。”因此，黎母山沉香有“沉香之冠”的美誉。随着海南岛“田”字形高速公路框架的形成，位于十字交叉点上的黎母山交通愈显便利，黎母山也从区位上的“海南之心”变成交通上的“海南之心”。

黎母山片区位于海南热带雨林国家公园北段，主体为原黎母山省级自然保护区和黎母山国家森林公园，地跨琼中、白沙两县，是离省会海口最近的国家公园片区（图5-59）。黎母山林区原为海南四大林区之一，曾经为国家建设贡献了大量的木材，是在当地声名显赫的森工企业。随着海南林业的转产升级，如桃花源一般深藏大山里面的黎母山分局管理中心（图5-60），也经历了由萧条到重新繁荣的过程。如今，黎母山已经成为开展森林旅游、研学教育、文化体验和养生休闲的好地方。

（一）游憩资源

1. 黎母庙和黎母圣石

黎母庙作为黎母山远近闻名的旅游景点，其独特的黎族文化是海南民族文化不可或缺的组成部分（图5-61）。黎族人自古有祖先崇拜、自然崇拜、

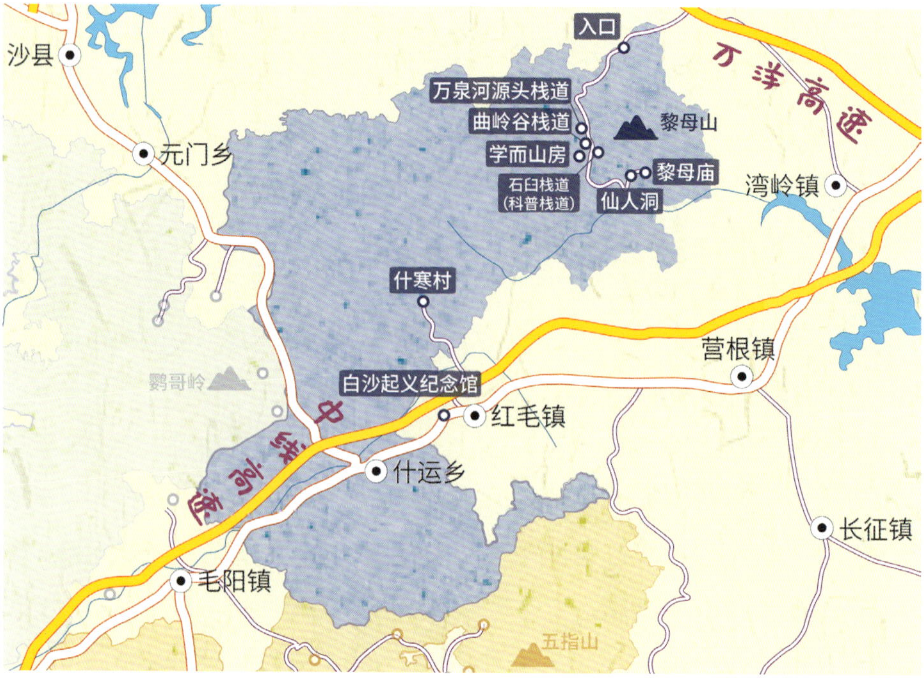

▲ 图5-59　黎母山片区主要游憩资源　林兆茵/绘

▲ 图5-60　被群山包围的黎母山分局服务中心，宛如与世隔绝的桃花源　周志琴/摄

▲ 图5-61　黎母庙

图腾崇拜的观念，作为黎族人的始祖，黎母无疑是祖先崇拜的最有力体现。据考证，在元代时期，黎母庙建在(琼州)府城，明代永乐四年重建，现今已毁。现今，黎母山的黎母庙建于1992年。关于黎母庙的修建也有个神奇故事，据说在20世纪90年代初，黎母山林场一职工在梦中遇见黎母下凡，于是便在山中寻找梦中遇见黎母的地点。经过几个月的找寻，他在黎母山东南

面的半山腰中发现一块大石（图5-62），大石正面犹如一个文面的黎族妇人，栩栩如生，令他大为震惊。而此时正巧有一群来自台湾的黎族同胞也是因为梦见黎母现身而受到启示寻至海南琼中黎母山中。此事传开，当地人都认为此乃天意，于是在台湾同胞的资助下，林场在黎母岭东南面的半山腰大石附近修建了一座黎母庙，大石便成为黎母的化身——黎母现身石。黎母庙几经修葺成为如今的规模，虽然体量不大，却也香火鼎盛，正应验了“山不在高，有仙则名”这句古话。近年来，黎母信仰被越来越多的人所接受，黎母神已经成为海南本土最重要的神祇之一。

▲ 图5-62　黎母现身石

2. 仙人洞

在前往黎母庙的路上，有一香火旺盛的天然石窟，这便是仙人洞。洞口前有天然石台和凳，台面上隐约有棋盘状。据传说，清代琼山人孙真仁在黎母山修炼道术，一天借宿黎家，第二天一早上山会友下棋，遂来到石洞前并摘吃水果，后来想下山，但绕来绕去也未能离开石洞。村人认为他已在洞中被仙人点化成仙，故称该石洞为仙人洞。现在石窟内有一尊高约30厘米的黎母像，石窟内空间狭小，外形颇像女子的阴户，因此民间又称仙人洞为“求子石窟”。

3. 曲岭谷栈道

曲岭谷栈道位于黎母山场部西侧，为全长2.6千米的环形栈道，修筑于黎母山1000亩的原生林内。这片原始的热带山地雨林在采伐的年代作为种源林被保留下来，这在其他林区场部附近并不多见。在这里，你可以轻松地看到合抱之木，也可以看到热带雨林里常见的空中花园和大型木质藤本。除此之外，你还可以体验不一样的栈道之旅。首先，这里的攀岩栈道非常陡峭，配上辅助攀爬的长绳索，颇具挑战性，是访客探索自然、挑战自我的不二之选，也适合亲子一同体验（图5-63）。此外，栈道顶部修建了2处观景亭，极目远眺，除了可仰望黎母山主峰和三星岭两座大山以外，还可俯视松涛水库之宽广、槟榔湖之秀美（图5-64）。

▲ 图5-63　攀岩栈道是很有特色的挑战项目

▲ 图5-64　在山顶的观景台上可以看到开阔的森林景色

4. 万泉河源头栈道

万泉河源头栈道也在黎母山场部边上，是一条曲径通幽、鸟语花香、探索起来非常轻松写意的溪谷栈道。在栈道入口即可以见到珍稀的龙脑香科植物青皮、坡垒以及海南特有的海南木莲（图5-65）。继续前行，可以看到白冠燕尾、丽拟丝蟌等生活在溪流边的动物；当你仔细聆听，会发现溪边还有一种白天鸣叫的青蛙——小湍蛙（图5-66）。虽然它们不难被发现，但其实它们只分布在我国的海南和广东，颇为珍稀。栈道虽短，但精灵丰富，是野外自然观察的好去处。

▲ 图5-65　海南特有植物——海南木莲

▲ 图5-66　喜欢在白天鸣叫的小湍蛙

5. 石臼栈道（科普栈道）

石臼栈道位于前往黎母庙的路上，离场部约1.5千米。石臼栈道顾名思义是拥有河床石臼奇观的一条栈道，此栈道全程1.8千米，修筑在拥有100多个石臼景观的河道边，是观赏石臼地质奇观的好地方。石臼是一种在地球内动力和外动力作用下形成的地质遗迹。这些形态各异、大小不一、深浅不同的石臼，历经流水的冲刷、岁月的雕饰，形成一道道奇特的自然景观（图5-67）。漫步栈道，用心观察，聆听水击石穿的声音，抚摸石臼，感受时间的厚重。栈道区域是比较典型的沟谷雨林，拥有鸡毛松、秋枫等喜欢阴湿条件的高大乔木，也有水竹蒲桃、水柳等在河床上挺水而立的矮小灌木（图5-68）。

▲ 图5-67　河床上的石臼

▲ 图5-68　栈道穿过一片原始的沟谷雨林

6. 白沙起义纪念馆

1939年2月，日本侵占海南岛。琼崖国民党军队和地主武装抵抗无力，逃入五指山区，对黎族和苗族人民进行残酷的政治压迫和经济剥削。为此，黎族人民领袖王国兴、王玉锦于1943年8月发动了“白沙起义”。起义失败后，起义军找到了中国共产党领导的琼崖纵队，成立“白沙农民解放团”，解放团配合琼崖纵队迎来了抗战胜利。“白沙起义”为琼崖抗日战争乃至解放战争的胜利立下了不可磨灭的伟大历史功勋。为了纪念此光辉事迹，在琼中县红毛镇海榆中线公路160千米处建立白沙起义纪念园，整个设施分为纪念碑和纪念馆两部分。该园为省级革命烈士建筑物保护单位及首批全国民族团结进步教育基地、全国重点烈士纪念建筑物保护单位，与五指山革命根据地纪念园交相辉映，是海南不可或缺的红色旅游和革命传统教育圣地。

7.什（zá）寒村

什寒村坐落在琼中县黎母山和鹦哥岭之间海拔600多米的高山盆地中，是海南海拔最高的村庄之一，素有“天上什寒”的美誉。什寒村建于1882年，距今已有100多年历史。“什”读音为zá，在黎语中，意为田的意思；“寒”意为冷的意思。

据《琼中地名志》记载，什寒村曾是古代驿站，位于当时的古道，是万宁、琼海到白沙的必经之地。清光绪八年（1882年），美国传教士香便文、丹麦传教士冶基善对海南黎区考察时就在什寒村借宿过。清光绪十三年，胡适之父——胡传巡视海南五指山各黎峒时也曾在什寒村住宿。只是他们各自的游记中都称什寒为“打寒”。

什寒村四周为苍翠的森林所覆盖，在炎炎夏日，潺潺溪流及阵阵的清风使什寒村成为不可多得的避暑胜地。除了原生态的自然风光，什寒村里黎族与苗族人民共居，相处和谐融洽，孕育了丰富的黎苗文化及别具特色的乡村休闲旅游活动（图5-69）。比如，黎族和苗族传统节日“三月三”、美食、歌舞以及黎锦等民族特色文化都享誉省内外。

什寒村在2013年成为海南省唯一入选“最美中国乡村”的乡村，在政府的大力扶持下，旅游服务业得到快速发展。如今，游客可以在什寒村体验帐篷露营，夜宿农家客栈，织黎锦，吃黎族和苗族美食、探险、爬山、涉溪等活动。

▲图5-69　什寒村有林、有田、有水、有村，能满足人们的田园梦想

（二）美食和特产

长桌宴历经千年传承，已然成为黎族和苗族最隆重的礼仪和最高级别的宴席，用于招待最尊贵的客

人（图5-70）。长桌宴最显著的特点是“长”，数张桌子排成长列，桌上铺着新鲜飘香的芭蕉叶，芭蕉叶作为容器，盛满各种各样、原汁原味的黎家和苗家美食：竹筒饭、五脚猪、鱼茶、肉茶、芭蕉心、蒌叶鸡、三色饭等，琳琅满目，目不暇接。当然，黎家苗寨的宴会少不了的还是那飘香的山栏酒。一顿长桌宴，是黎族和苗族人好客的传承，是民族团结、社会和谐美满的体现。

▲ 图5-70 长桌宴是大型聚会和节庆活动的标配

（三）节庆和活动

随着黎母现身显圣的故事深入人心，越来越多的各族善信前往黎母山崇祀黎母神。每年农历三月十五黎母诞辰日，各支系的黎胞乃至各方并非黎族的善男信女，不远百里，不畏山高路险，前往黎母山进行祭祀祈福，朝拜始祖，祈求风调雨顺、平安富贵、美好姻缘、多子多福，场面盛大，人数达2万人之多，是海南最为隆重的民间祭祀活动之一。黎母诞辰日前后由于人流过于集中，近年来不得不在进山入口进行交通管制，禁止私家车上山，由客车接驳香客前往黎母庙拜祀（图5-71）。

▲ 图5-71 黎母神像

（四）辅助信息

1. 住宿

（1）学而山房

万山行遍逢黎母，陆海之间一山房——学而山房民宿的名字取自

▲ 图5-72　学而山房的装饰设计极具巧思

《论语·学而》，其义是以“学”为本。其为黎母山最具特色的民宿，位于黎母山分局管理中心，由原黎母山林业公司学校改造而成，环境清净幽雅，设计巧妙（图5-72）。推荐学而山房，不单是因其外在的装饰，更重要的是其内在的“修养”。学而山房，一开始就摈弃了与自然格格不入的电视、麻将机、KTV，而用书、棋、笔墨还予自然之清净。作为浙江大学、海南大学等在黎母山的野外实习基地，游客可以在这里与学子们探讨大自然的奥秘。若你并非自然爱好者，闲时上山，也可在学而山房民宿里读一本书、品一道茶，与家人、好友共同享受闲暇时光。

（2）好逍遥客栈

好逍遥客栈位于黎母山分局管理中心，由分局职工的小区住宅改造而成，客栈设施齐全，价格合理，卫生洁净，非常适合全家出行的游客。因为客栈本身就是一套套的住宅，一般由三室两厅三卫一厨构成，可以同时入住3～4个人。

（3）云宿房车营地

云宿房车营地位于琼中县什寒村，为海南第一家高端房车露营地，由云宿集团匠心独具，琢磨2年打造而成。在这里有一条被称为“半溪”的小溪静静流淌，沿溪而建“伴溪亭”和“参禅五心茶舍”，“半溪”流淌了岁月，“亭”“舍”温柔了时光。这不仅是营地的配套设施也是到什寒村不可错过的网红打卡地。

（4）什寒村民宿

什寒村的民宿有多个类型，有由公司统一经营的，包括黎苗小学客栈、云宿集装箱酒店（图5-73）、待内点驿站、老乡家三代民宿，也有由村民家里自己经营的小民宿，有不同的档次和风格可供选择。

2.门票

黎母山收费站设立在前往黎母山场部的上山道上，门票20元（图5-74）。购票可达场部、黎母庙、仙人洞、石臼、三大栈道及沿途景点。目前主峰方向不对游客开放。

什寒、白沙起义纪念园不收门票。

▲ 图5-73　集装箱酒店的书吧

▲ 图5-74　什寒村的访客服务中心

五、鹦哥岭

鹦哥岭片区地处海南热带雨林国家公园中部，西南与霸王岭、尖峰岭片区接壤，东连黎母山，面积为875.2平方千米，仅次于霸王岭。鹦哥岭片区包括了原海南鹦哥岭国家级自然保护区、佳西省级自然保护区和南高岭林场。行政区域属于白沙、琼中、五指山和乐东4个市（县）（图5-75）。

鹦哥岭主峰高1812米，是海南第二高峰，区内水资源丰富，是海南两大河流南渡江及昌化江的分水岭和主要水源地（图5-76）。鹦哥岭没有经历过大规模的森工采伐，因此保存着华南地区连片面积最大且原生性最强的热带雨林，是我国热带雨林生态系统保存最完整的地区之一。

受地形和季风的影响，鹦哥岭北坡和南坡形成明显差异化的生物区系和群落，生物多样性极其丰富。鹦哥岭是海南最新成立的国家级自然保护区，由于优越的自然禀赋加上比较深入的资源本底调查，所记录的动植物物种在海南的保护区中处于比较领先的地位，其中不乏国家重点保护的珍稀物种，如国家一级重点保护野生植物伯乐树、珍稀物种轮叶三棱栎、鹦哥岭树蛙等在海南仅见

▲ 图5-75　鹦哥岭片区主要游憩资源

▲ 图5-76　鹦哥岭山脉是海南最大的山脉，拥有海南第二高的山峰

于鹦哥岭。通过对动植物资源的持续调查和监测，截至目前，在鹦哥岭地区共发现科学新种45个，中国新记录种37个，海南新记录种227个。

鹦哥岭是年轻的，因为这里有一支将青春奉献给鹦哥岭的青年团队，他们追梦鹦哥岭的先进事迹被人们所熟知；同时，鹦哥岭也是古老而迷人的，原始雨林周边分布多个黎族和苗族特色村寨。黎族和苗族百姓世代生活在这里，与雨林关系密切，形成了独特的黎族和苗族雨林文化。

（一）游憩资源

1. 鹦哥嘴管理站

鹦哥嘴管理站位于琼中县什运乡，在国道G361什运乡到白沙县公路的中段，因坐落于鹦哥嘴脚下而得名。管理站地处海拔600米的山麓地带，背靠鹦哥嘴和鹦哥岭主峰的原始森林，周边的景观和动植物资源丰富，近可观高崖落瀑、古木参天及雨林奇观，远可眺五指山及黎母山（图5-77）。

鹦哥嘴管理站是集科学研究、人员培训、资源管护、环境教育、生态旅游等多功能为一体的管理站。作为全国大学生社会实践基地、全国中小学生研学基地，管理站已面向青少年推出多项自然科学主题活动，如自然观察、生物研学、自然创作、科学实验和志愿培训等。

（1）鹦哥岭动植物博物馆

鹦哥岭动植物博物馆是海南第一个热带雨林主题博物馆，是普及海南热带雨林珍稀动植物资源、宣传生态环境保护、传播人与自然和谐理念的重要科普教育基地（图5-78）。馆内设有雨林多样性、植物、鸟类、兽类、两栖爬行动物及昆虫等自然科学展区，并展示了海南少数民族的雨林文化，包括黎族和苗族的衣食住行、生产生活及风俗信仰。

▼ 图5-77　鹦哥嘴管理站是一处多功能的保护场所

▶ 图5-78　参照甲虫造型设计的鹦哥岭动植物博物馆

▲ 图5-79　栈道上的“小瀑布”是做溪流观测的好地方

（2）鹦哥嘴生态环境教育栈道

栈道目前已建成1300米，根据山林河流，地形地貌，潮湿度与干燥度等自然环境，设置青石板栈道、青石板架空栈道、木栈道3种类型，是一条可供人们科普、游览、健身的生态环境教育栈道。栈道沿溪而建，溪边生长着茂密的沟谷雨林，步行片刻即可领略空中花园、粗大藤本等雨林景观，在这里容易观察到多种海南特有的蜻蜓、青蛙和鱼类，是开展溪流观察的好地方（图5-79）。

2. 鹦哥岭瀑布（冲山桥瀑布）

当汽车行驶到国道G361什运乡到鹦哥嘴公路的中段时，在冲山桥边上，山腰间灵动秀气的鹦哥岭瀑布跃入眼帘（图5-80）。瀑布落差约有100多米，瀑布倾泻而下形成多个瀑布潭。游客也可沿桥走到潭边观瀑，飞流直下珠玉四溅，雨林植被在瀑布的映衬下绿意盎然，灵山多秀色，空水共氤氲。此处

▲ 图5-80　位于361国道边上的鹦哥岭瀑布是一处“平易近人”的景点

还是一个难得的五指山观山点，在天气晴好的时候，可以看到五指山西北坡巍峨挺拔的山体，五指山一峰和二峰清晰可辨。

3.罗帅村

罗帅村辖属白沙县元门乡元门村民委员会，从琼中什运乡出发，沿G361国道的盘山公路翻越鹦哥岭，可达这个隐藏在大山深处的黎族村庄。几十栋排列整齐的农家联排别墅矗立在仙女溪畔（图5-81），这里空气清新，是热带天然大氧吧。

“罗”“帅”在黎语中分别有“老”和“荔枝”的意思，村里原本有一片野生荔枝林，故以此命名。罗帅村属于润黎聚集的村落，润黎被称为“本地黎”，是当地土著居民，早在秦汉时期他们的先民就在这片土地上繁衍生息。至明清时期，才开始有哈黎、杞黎等其他黎语方言分支从海南省各地迁入白沙县。

罗帅村是白沙县“美丽乡村”计划首个项目（图5-82）。村里的罗帅雨林山庄旅游设施完善，提供吃、住、行一体的综合服务，游客可以在这里体验小农慢态生活。游客可以漫步到仙女溪钓鱼、摸螺、抓螃蟹、采野菜，也可以在向导的带领下，沿仙女溪溯溪而上，来一场热带雨林探险之旅；雨林探险后，可以到人民公社食堂吃上一顿原汁原味的农家菜，也可以到村民家中一同享受古朴的田园美味。如有幸预订到特色长桌宴，夜幕降临之时，人们会围坐篝火旁长桌边，觥筹交错之间享受黎族和苗族特色菜肴，欣赏原生态黎族和苗族歌舞，感受浓郁的黎苗风情。另外，附近那吉村的跑马场也是一个运动休闲的好去处。

▲ 图5-81　仙女溪

▲ 图5-82　“美丽乡村”罗帅村

4. 红坎瀑布和红坎水库

红坎瀑布位于元门乡东南部，距离罗帅山庄3~4千米，距离白沙县城牙叉镇约24千米（图5-83）。瀑布源于海拔1101米的红坎岭，总落差为145米，身处鹦哥岭群山腹地，两边层峦叠嶂、巉岩林立。站在瀑布下向上仰望，瀑布宛如一条银色的巨龙从天而降，水花跌落在光滑的岩石上，璀璨晶莹。每逢雨季，山洪暴发之时，瀑布声若雷鸣，震撼群山，气势雄伟壮观。

瀑布之下，是建于20世纪70年代的红坎水库（图5-84）。雄伟的大坝把河谷拦腰截断，将红坎溪水蓄于山间，宛如高山天湖，也被人们称为"红坎天湖"。湖面如镜，倒映着鹦哥岭的青山绿树，天光水色融为一体。到了冬季，湖畔的枫香树叶子红了，又变成了另外一番景致。从水库徒步穿越山林到红坎瀑布，需耗费1个多小时。

▲ 图5-83　红坎瀑布

▲ 图5-84　红坎水库

5. 便文村

便文村位于鹦哥岭南麓半山腰上，地处高山峻岭。绕山而行，盘旋曲折的田埂宛如一条条凌空的天梯（图5-85）。梯田一年四季变换不同的景色，如遇木棉花绽放的季节，一簇簇红色或橙色木棉花点缀在山谷林间，沿途风光如梦如幻，可谓"稻梦梯田"，是摄影、绘画等艺术家采风的好去处。

便文村是革命老区，1947年6月至1948年年初，琼崖区党委和琼崖纵队司令部驻扎便文村，领导全琼武装斗争。游客可以到琼崖纵队首次代表大会纪念馆参观，学习革命历史、缅怀革命先烈、传承民族精神，也可以到黎家品尝味道鲜美的鹦哥岭鱼茶和香醇醉人的山栏米酒等特色黎族风味。村内建有原生态休闲露营基地，供自驾游旅客休憩。

▲ 图5-85　山环水绕的便文村

6. 五指山革命根据地纪念园

五指山革命根据地纪念园位于五指山市毛阳镇毛贵村，是全国30条“经典红色旅游路线”之一，是海南第一个以革命传统教育基地为主题，集观光、度假、黎族和苗族风情文化、休闲为一体的旅游综合体。毛贵村曾是五指山革命根据地的大本营——琼崖区党委等机关的驻扎地，也被称为海南的“西柏坡”。当年，就在这片坡地上，冯白驹率领琼崖党政军首脑机关，运筹帷幄，发动和指挥了1948年秋季、1949年春季、1949年夏季三大攻势战役，迎接和配合大军渡海作战，最终迎来了全海南的解放。

纪念园已建成包括纪念园广场（图5-86）、纪念碑（图5-87）、烈士陵园、英雄林和历史陈列馆等设施，形成了集瞻仰、游览、体验、教育于一体的红色旅游景区，走进纪念园，就走进了琼崖革命那段难忘的峥嵘岁月。

▲ 图5-86　纪念园广场

▲ 图5-87　纪念碑

7. 牙胡梯田

牙胡梯田位于五指山市毛阳镇牙胡村。几千余亩梯田背靠巍峨的鹦哥岭山脉，面朝开阔的昌化江河谷，四季变换，日夜不同。牙胡梯田是海南规模最大，最具知名度的梯田景观，被誉为“海南第一梯田”（图5-88）。

自古以来，黎族人民主要靠采集、狩猎和刀耕火种的生产方式生存。在坡地上修建梯田种植水稻在黎族地区比较少见。梯田的出现标志着黎族先人的生产、生活方式从刀耕火种向稳定的农耕生活转变，在黎族耕作史乃至发展历史上具有重要意义。牙胡梯田除了水田，还有许多旱田，种植辣椒、苦瓜、黄瓜、长豆等蔬菜。目前，牙胡梯田已被列入五指山梯田稻作系统农业文化遗产的核心保护区。

建议自驾前往观赏牙胡梯田。需要注意的是，牙胡梯田景区没有设置专门的观景平台及停车场，行车道较狭窄，尤其是接近梯田的路段，坡度大、转弯多，会车时需要特别小心。应尽量按照景区标识的入口和出口进出，单向行驶。

▼ 图5-88　牙胡梯田是海南最著名的梯田景观

（二）美食和特产

1. 黄色饭

黄色饭是古时黎族同胞招待舅舅、久别亲戚或当地头人的美食。做法是将山栏糯米加入适量优质南药如山黄姜、牛大力等一同拌匀煮熟，做成后饭呈黄色，所以叫黄色饭。黄色饭有补血、提神、强身的作用，可减轻水肿、贫血等症状，实为一种药膳，所以用来招待重要客人。

2. 白沙绿茶

白沙县境内的国有白沙农场（图5-89）特产，中国国家地理标志产品，产自白沙陨石坑境内，是海南最知名的茶叶品牌之一。

▲ 图5-89　仙婆岭下的白沙农场，是白沙绿茶的原产地

（三）辅助信息

1. 住宿

罗帅雨林山庄位于白沙县元门乡罗帅村，是天涯驿站乡村田园森林生态游系列的首个驿站。山庄内吃、住、行一体，可体验现代小农慢生活。

2. 门票

鹦哥岭片区主要景区、景点免费开放。

六、五指山

五指山，海南岛第一高山，主峰海拔1867米（图5-90）。五指山山体基本由花岗岩构成，质地坚硬，在地壳运动强烈切割及外力侵蚀下，此起彼伏，形似五指，故得名“五指山”。“五指”由西南向东北排列，二指最高，与一指有深谷相隔，遥相对峙，三、四、五指逶迤相连又各自独立，蔚为壮观。明代诗人丘濬有诗云：“五峰如指翠相连，撑起炎荒半壁天。夜盥银河摘星斗，朝探碧落弄云烟。”20世纪70年代，一首唱遍大江南北的《我爱五指山，我爱万泉河》，让五指山走进全国人民的视野，成为海南岛的代表和象征。在海南热带雨林国家公园的形象标识中，写意山峰的形象也是源自五指山山峰的造型。

海南热带雨林国家公园五指山片区以五指山山脉为主体，跨五指山、琼中两个市（县），包括了原五指山国家级自然保护区和阿陀岭省级森林公园两个保护地（图5-91）。五指山山脉呈西南—东北走向，是海南南北热量分界线和东西水分分界线，具有特殊的小气候。高耸的山脉常截留空中的水汽，雨量充沛，孕育了海南第二大河流昌化江和第三大河流万泉河。穿行在五指山区，常能看到瀑布景观如同山间飘逸的白丝带，清新且灵动。

五指山海拔高差大，拥有典型的雨林垂直分布景观，热带植被类型丰富，是雨林群落的典型代表。五指山热带雨林保存完好，被誉为海南岛之“肺”，负氧离子含量高，是极佳的“天然大氧吧”，也是漂流、骑行、徒步、登山等户外活动的绝佳选择。其中，五指山阿陀岭被誉为“最

▲ 图5-90　气象万千的五指山顶峰

▲ 图5-91　五指山片区主要游憩资源　林兆茵/绘

美山地公路”，是骑行好手的最爱。

五指山自古是黎族聚集地，也是黎族文化的重要起源地，每逢传统节日三月三，黎族同胞相聚五指山用歌舞祈福，纪念祖先，盛况犹胜新年。坐落于五指山市的海南省民族博物馆，是海南省唯一一家民族博物馆，黎族文物馆藏最为丰富。五指山还承载着琼崖革命“二十三年红旗不倒”的红色记忆，见证了黎族人民领袖王国兴、琼崖纵队领导人冯白驹等革命英雄的光辉历史。

（一）游憩资源

1. 五指山栈道（国家雨林谷栈道）

五指山栈道位于水满乡，在原五指山国家级自然保护区内。栈道分为2条线路，一条为昌化江之源栈道，是观赏雨林植物、享受森林氧吧、聆听虫鸣鸟啼的好去处。木栈道依山涧而建，沿途水流时而平缓，时而湍急，偶有深潭清澈见底，小湍蛙声声鸣叫，蜻蜓翩翩飞舞，沟谷雨林植被保存完好。

栈道终点为海拔928米的五指山瀑布，即海南岛第二大河昌化江之源（图5-92）。另一条为登山栈道，起点在昌江之源栈道的中段，终点在海拔1250米处，是通往主峰方向的唯一步道（图5-93）。登山栈道穿行在热带山地雨林中，海拔跨度大，山上有多处林窗可以俯瞰林海茫茫，或者仰望飞瀑挂壁，是朝圣和观光的好去处。

▲ 图5-92　昌化江之源

▲ 图5-93　五指山栈道

2. 水满河热带雨林风景区

水满河热带雨林风景区位于五指山市水满乡（图5-94）。景区依山傍水而建，有观山平台、观光栈道（图5-95）和雨林谷漂流等设施。从观山平台远眺五指山的视角绝佳，可见五峰在云海中时隐时现，美色尽收眼底。行走在环绕水满河的观光栈道上，可一窥海南次生热带雨林的风貌。雨林谷漂流是海南海拔最高的漂流河道，全长4千米，总落差80米，沿途可观赏热带雨林、高峡平湖和田园风光。

▲ 图5-94　景区入口

▲ 图5-95　雨林观光栈道

3. 黎峒文化园

黎峒文化园位于水满乡五指山第一峰山麓，是大型黎族主题文化体验式景区，建有奥雅宫、天梯、祭坛、黎祖大殿、黎族文博馆等（图5-96）。黎祖大殿为无梁无柱的船型屋大殿，供奉着9.5米高的黎族圣祖“袍隆扣”（图5-97）。“袍隆扣”巨幅塑像自2014年开光典礼后，被海南省政府确定为每年全省“三月三”大型活动祭拜黎祖的永久地址，成为全体黎族同胞共同的精神家园。黎族文博馆是海南省最大的黎族文化博览馆，利用声光电、虚拟现实技术（VR）、雾幕投影、地面互动投影等造影技术展现黎族的千年历史与文化。

▲ 图5-96　祭坛和黎祖大殿

▲ 图5-97　五指山主峰下的黎祖大殿

4. 初保村

位于五指山西麓毛阳镇牙合村民委员会的初保村，是海南省为数不多整村仍保存原始传统民居的黎族村落。村前流水潺潺，梯田层叠，村居顺山势而建，自下而上呈阶梯状分布。村内的茅草屋记录着黎族传统民居从“船型屋”向“金字形屋”演变的轨迹。初保村于2006年被列入《海南省级非物质文化遗产保护名录》。2013年被列为中国少数民族特色村寨。

初保村现分为新村和老村，村民大都搬迁至新村，老村的茅草屋已很少有村民居住，只有在老村农田劳作的部分村民中午会在老屋内休息。老人们大部分依旧保留着黎族人的生活传统，而年轻一代许多人走到了外面去寻求生存和发展，传统文化和现代文明正在这里猛烈地撞击着。初保村发生的一切就是黎族生活和文化变迁的一个缩影（图5-98）。

▲ 图5-98　初保村是黎族传统和文化变迁的一个缩影

5. 仕阶村摩崖石刻群

仕阶村摩崖石刻群位于五指山东南麓，琼中县上安乡仕阶村的溪谷边（图5-99）。摩崖石刻是我国古代的一种石刻艺术，古人利用天然石壁刻字或图以记事。仕阶村摩崖石刻群则是刻于清代。清光绪十三年（1887年），清代名将冯子材在开通以五指山为中心的“十字路”后，西望巍峨高耸的五指山，在大石旁踌躇满志挥毫而就“手辟南荒”四个大字，字大如斗，遒劲工整，此外，其属僚也留下了“一手撑天”“百越锁钥”“巨手擎天”等石刻。这些石刻记载着清代朝廷对黎区的开发，是海南重要的历史人文景观。

▲ 图5-99　仕阶摩崖石刻群是国家公园里为数不多的古迹　姜恩宇/摄

6. 五指山漂流

漂流是五指山片区最具特色的户外运动项目。在五指山市水满乡附近有3个漂流点可供选择，分别是大峡谷漂流、红峡谷漂流和雨林谷漂流。

（1）大峡谷漂流

当地人称大峡谷漂流为五指山“大漂”，位于五指山市牙排水库下游500米处。漂流全程长约6千米，河道复杂，水流湍急，途经三大“S”形的河段险滩，四处大跌水。双人橡皮艇在雨林、奇峰、瀑布、绝壁中激进，能让人全身心感受大地的欢歌和生命的热情。

（2）红峡谷漂流

红峡谷漂流位于五指山红峡谷旅游风景区内，在五指山南圣镇往水满乡方向约6千米处（图5-100）。漂流全程3.8千米，因沿途岩石被山泉、雨水冲刷后形成黄中带红的颜色而得名。河道多岩滩激流，常有山顶泉瀑自空中降落。除了主打漂流外，景区内还有玻璃旱滑道、峡谷木栈道、星空露营可供游玩。

（3）雨林谷漂流

雨林谷漂流位于水满河热带雨林风景区内，当地人称其为五指山“小漂”。漂流全程4千米，急流不多，险滩相对较少。橡皮艇全程由两人合作划桨，沿途可以欣赏河岸优美的雨林风光以及黎族和苗族乡村的田园风光。

▲ 图5-100　红峡谷漂流

7. 海南省民族博物馆

海南省民族博物馆位于五指山市区内，是研究和陈列海南岛历史和黎、苗、回等民族传统文化的综合性博物馆。馆舍依山面城，具有中国传统四合院式建筑风格，宏伟壮观（图5-101）。全馆展区面积3000平方米，分海南民族历史文化陈列、海南民族纺织文化陈列、海南民族艺术陈列3个展馆。陈列展通过实物、文字、图片等介绍海南历史和黎、苗、回等民族的族源、从业、社会生活、文化习俗等。目前，馆藏文物33000多件（套），其中，一、二级文物750多件（套），展出文物1300多件（套）（图5-102）。展览融知识性、科学性、艺术性和趣味性为一体，是展现海南历史、少数民族优秀传统文化的一个重要窗口。

▲ 图5-101　海南省民族博物馆的建筑也很有特色

▲ 图5-102　室内展示的船型屋

8. 椰仙水满香有机茶庄园

椰仙水满香有机茶庄园位于水满乡牙排水库上游，集茶叶种植、加工、销售及旅游休闲于一体，是五指山养生度假的网红打卡地（图5-103）。庄园

▲ 图5-103　椰仙水满香有机茶庄园是赏茶、品茶的好去处

四面环山，登上茶山顶可远眺五指山四个山峰。在庄园内，既可体验采茶及摇青、杀青、烤茶的制茶过程，也可闲坐稻田边的凉亭，赏茶、品茶，静享一份轻松自在。

（二）美食和特产

水满茶极负盛名，是海南名茶之一，产自五指山市水满乡。水满茶用五指山野生大叶茶，按传统手工工艺制成，以高香闻名，茶汤色明亮、香气持久、味道甘醇，每到茶叶加工时节满山飘香，又称“水满香”（图5-104）。在海南名茶中，若以民族特色和历史传承来论，水满茶尤具代表性。其独特的品质与当地独特的水土密不可分，五指山山高雾重，昼夜温差大，采茶季节比我国其他茶区早1～3个月，以每年农历一、二月产的茶叶质量最高。

▲ 图5-104　水满茶大多生长在林缘的小块空地上，产量稀少，弥足珍贵

（三）节庆和活动

1. 黎祖“袍隆扣”祭祀大典

每年黎苗传统节日“三月三”当日，来自海南省内五大方言的黎族同胞会齐聚水满乡黎峒文化园内的黎祖大殿，举办黎祖“袍隆扣”祭祀大典，共同祭拜“袍隆扣”。祭祀活动一般有吹号鸣鼓、诵读祭文、祭祖舞、拜谒礼等环节，场面隆重盛大，观赏性极佳。

2. 红叶节

冬日的五指山，枫香树的叶片会渐渐变红，气温越低，叶片越红（图5-105）。由于温度不同，五指山山脚与山腰的枫香树叶片颜色各异，层次分明。每年11月底至12月是赏红叶最合适的时间，五指山市会在此间不定期举办红叶节。翌年2月，红叶渐渐掉落，枫香树发出嫩绿色的新芽，也是很美。赏红叶最佳观赏地为五指山栈道、竹满及水满河热带雨林风景区内的观山平台。

▲ 图5-105　五指山的红叶是枫香树叶

（四）辅助信息

1.住宿

（1）五指山亚泰雨林酒店

五指山亚泰雨林酒店坐落在水满乡五指山主峰脚下，为东南亚建筑风格，亭台楼阁古朴雅致，占地143亩，集住宿、餐饮、会议、康乐、疗养等功能设施为一体，各类房型200余间（套），既有休闲旅客追求的恬静安逸，也有商务和会展活动所需的完备设施及场地（图5-106）。

（2）五指山水满园酒店

五指山水满园酒店位于水满乡镇区，地处古树参天的小山坡上，与常年云雾缭绕的五指山遥遥相对，周边景致秀美，空气清新宜人。酒店主体建筑为清新淡雅的江南园林设计风格，此外还有6幢木屋别墅，分别错落于枫树林中。客房布置简约雅致、舒适通风。

（3）茗兰舍茶庄

茗兰舍茶庄坐落于水满乡方龙一村，为“茶主题”民宿。茶庄内除客房外，还有茶园、茶叶生产车间、禅茶主题茶室等，可体验采茶，观摩茶加工，品茶（图5-107）。茗兰舍茶庄在海南省旅文厅乡村民宿评级中，被评为银宿级。

▲ 图5-106　隐藏在林海中的五指山亚泰雨林酒店

▲ 图5-107　茗兰舍茶庄是一所茶主题的民宿

（4）海南御景酒店

海南御景酒店位于水满乡镇区，距五指山景区约10分钟车程。酒店周边环境清静优美，客房、餐饮、康乐、商务、会议功能齐全，配有泳池、健身房及1千米健身步道，步道爬升约有60米。

2.门票

海南热带雨林国家公园五指山片区门票50元。购票可达五指山栈道。

水满河热带雨林景区门票50元，购票可达观山平台、水满河栈道等。

黎峒文化园门票50元，购票可参观景区内所有景点。

七、毛瑞

毛瑞片区位于海南热带雨林国家公园南部，主要由毛瑞林场和卡法林场两个单位组成。毛瑞片区地跨保亭、乐东、五指山二县一市，是海南热带雨林国家公园里最小的片区。毛瑞片区处于五指山山脉之西南支脉，为中度切割的侵蚀剥蚀穹形低山——高丘陵地貌，最高山峰为马咀岭，海拔1340米，最低点为公园北面出入口处，海拔410米（图5-108）。

毛瑞林场和卡法林场最初是和大多数国有林场一样作为采伐场经营，销售木材为其主要收入来源，1994年跟海南其他森工企业一道停止天然林商业性采伐，1998年被列入国家重点国有林区天然林保护工程实施范围，开始保护现有的天然资源。从原本的砍伐树木变为栽种树木，现今林场周边的生态

▲ 图5-108　毛瑞片区主要游憩资源　林兆茵/绘

环境恢复良好，林木茂盛，为这片地区带来新的生机。

毛瑞片区把位于保亭县西部的毛感乡包围其中。毛感乡原称母感乡，“母”的黎语读音意为“地方”。黎语中倒装现象较多，修饰语多放在主语的后面。结合当地居民所言，“毛感”的意思应是个有宝、有钱的地方。毛感乡拥有丰富的旅游资源，境内林木茂密、山峦绵延、百鸟欢歌，还有典型的热带“喀斯特地貌”——仙安石林（图5-109）。石林丛中溶洞众多，洞内石头造型多样，接连看去真是一洞一重天。毛感乡正大力发展户外运动主题的休闲旅游产业，在2020年保亭热带雨林山地户外极限运动暨乡村民宿线路体验推介会上，发布了多条山地户外运动路线。未来毛感乡还将进一步完善相关设施，使户外运动和乡村旅游相结合，开发骑行、探洞、溯溪等户外运动线路等，打造户外康体度假区。在海南热带雨林国家公园外围，保亭县还拥有神玉岛、七仙岭、呀诺达、茶溪谷等著名旅游景点，它们都各具特色，能让访客在热带雨林中感受文化与自然的结合，享受一场身心之旅。

▲ 图5-109　仙安石林是毛瑞片区最具特色的景观资源

（一）游憩资源

1.仙安石林

仙安石林位于海南省保亭县和三亚市接壤的仙安岭上，海拔700多米，地属保亭县毛感乡。山中溶洞和上山路线目前不对外开放，但在公路边上也能看到不少参天的大树和裸露的奇石。仙安石林是一处曾经被遗失的秘境，直到在1992年才被发现并命名。此前，只有极少数采药老人偶尔闯进过石林中，因为不了解这奇怪的石头，他们敬畏地将此山称为“鬼山”或“神山”。仙安石林属于热带型喀斯特剑状、针状石林，虽然不如云南昆明的柱状石林那样高大雄伟，但却体态多样，精巧绝伦。这里露出的石芽随处可见，形状千奇百怪。石芽一般高3～4米，高达10～15米的就被称为石林，石林最高的甚至可达35米。石林丛中迯有许多溶洞，千回百折。四周悬崖峭壁，怪石嶙峋，有古树相围，景致丰富多彩，是自然创造出的一幅绚丽画卷（图5-110）。与其他常见的热带雨林景观相比，仙安石林山上危峰兀立，难以攀爬步行。从远处和高空俯视，石林如狼牙一般密集，当来到近处，可见层峦叠嶂、千岩万壑，让人不禁对大自然的鬼斧神工赞叹不绝。

▲ 图5-110　仙安石林的各式石牙和喀斯特雨林

仙安石林是海南最主要的石灰岩雨林景观之一（另外一处是俄贤岭），独特的自然地貌往往会塑造出一些特有的动植物物种。仙安石林地区奇峰突起，沟壑纵横，林木繁茂，人迹罕至，这里面一定潜藏着很多大自然的奥秘，静待人们发现。

2. 神玉岛旅游区

神玉岛位于保亭县响水镇毛真水库，属于海南热带雨林国家公园外围景区（图5-111）。这里景色幽雅，空气清新，拥有原始热带生态雨林、山地湖泊、森林溪谷、桫椤丛林和桃花水母等自然奇观，为水库型水利风景区。

神玉岛文化旅游度假区致力于从文化艺术、旅游度假、健康养生这三方面来展现景区魅力。景区内打造了以山水雨林为展厅的中华玉器艺术馆，并有自然生态博物馆、文化风情小镇、神玉儿童乐园等文化旅游产品，运营以神玉书院为品牌的文化教育服务平台，提供传统文化体验、小院士课堂、教育基地等产品，打造顶级健康养生度假基地。

目前，景区内除了有风格雅致、配套完善的休闲酒店外，还有环湖栈道和游船等服务设施。访客从环湖栈道游览景区，途经乐寿宫、弥勒院、如意桥、神玉宝塔、神玉艺术馆等景点，可以对神玉岛精心打造的雨林玉文化有更深入的了解。

▲ 图5-111　神玉岛是静修和康养的好去处

（二）美食和特产

1. 四棱豆

四棱豆又称翼豆、果阿豆、皇帝豆等，属一年生或多年生攀援草本植物

（图5-112）。荚果四棱状，鲜荚翠绿，是一种营养价值较高的蔬菜。四棱豆可炒、可煮，还可作冷盘等，口感爽脆，味道鲜美。毛感乡地处山区，气候温和，水质好，十分适合种植四棱豆，且收获期长，所以大部分农户积极发展四棱豆种植产业。经过多年的种植和管理，四棱豆已成为毛感乡的特色产业之一，是农民收入的主要来源。在毛感乡的田洋里，成片的四棱豆随处可见。

▲图5-112　保健蔬菜四棱豆

2.红毛丹

红毛丹又名毛荔枝、韶子、红毛果，是我国少见的热带珍稀水果品种（图5-113）。保亭县属于热带季风性气候，光照、温度和相对湿度与马来西亚和泰国相似，是我国极少数适宜红毛丹生长的地方，因此目前我国只有保亭县种植较大面积的红毛丹。成熟的红毛丹并非都是红色的，而是从黄色到深红色的各种过渡色。红毛丹的味道类似于荔枝，但风味比荔枝更浓，多吃也不会“上火”。

▲图5-113　特色水果红毛丹

（三）节庆活动

1.嬉水节

人们经常会听到傣族的泼水节，海南这边也是有着属于自家的泼水节，准确的说法为中国海南七仙温泉嬉水节。嬉水节由黎族和苗族民间祭水习俗发展起来，在每年的农历七月初七举办，这是保亭县一年一度的盛大的民间传统节日，从2000年至2019年已成功举办了19届，曾被评为“中国最具人气的民间节会”。在嬉水节，无论男女老少，相识与否，都纷纷拿起水枪、水盆互相泼水嬉戏，是一场不分男女老少的全民大狂欢（图5-114）。嬉水节上还会表演民族歌舞节目，举行黎族、苗族服饰创意设计大赛，民族传统体育竞技比赛等各类文化娱乐活动，突显海南少数民族的文化特色，提升各族人民的文化自信。嬉水节举办多年，俨然已成为保亭县最靓丽的文化名片，更是保亭县人们心中最隆重的一个节日。

▲ 图5-114　嬉水节广场大狂欢

2. 渔猎节

为了传承民族传统文化，振兴乡村旅游，保亭县毛感乡在每年的三月三前后都会举办“渔猎节”，这是毛感乡的重要节庆活动，从2016至2019年连续举办了4届。过去黎族和苗族村民中盛行渔猎习俗，这是黎族和苗族经济生活的重要组成部分。狩猎方式多样，有集体围猎、挖陷阱等，捕鱼方式也有笼鱼、网鱼、射鱼、钓鱼等。在渔猎节上，会模仿古法围猎活动，用当地驯化饲养过的野猪后代作为猎物，黎族和苗族围猎小组会运用古老的绳套陷阱等技术和各种策略，最终捕捉到凶猛的野猪。整个活动过程惊险刺激，生动地还原了过去集体打猎的生活场景。

（四）辅助信息

1. 住宿

（1）神玉岛度假酒店

神玉岛度假酒店依湖而建，设计风格雅致、考究（图5-115）。房舍坐落在雨林之中，入住其中可感受花草树木的淡雅香气徐徐飘入。岛上的茶席、禅修等活动能让您在度假之余，还可修身养性，让身、心、灵都得到滋养和放松。

▲ 图5-115　神玉岛度假酒店

（2）毛感乡周边民宿

毛感乡周边有当地居民开办的民宿，入住其中能够体会当地居民的生活氛围，欣赏周边的山水风光，感受毛感乡的魅力。

2. 门票

神玉岛旅游区门口设置了景区售票处，门票加车票每人68元。其余景点目前不收费。

尖峰岭主峰　杨川/摄

第六章

深度体验篇：定制专属的国家公园之旅

一、选你所好

（一）观光打卡

1. 雨林栈道

栈道是游客进入雨林，探秘雨林的主要路径。海南热带雨林国家公园的各个片区都修建了多条栈道供游客选择（图6-1～图6-4）。这些栈道中海拔最高的是五指山的登顶栈道，它同时也是距离最长、海拔跨度最大的栈道；第二高的是尖峰岭主峰栈道；海拔较低的是吊罗山低地雨林科普基地栈道和霸王岭后山栈道。

不同地域和不同海拔高度的栈道会给你呈现不一样的热带雨林景观，覆盖了从山顶矮林到热带山地雨林再到热带低地雨林的不同植被类型，让你领略到海南热带雨林的原真性和完整性。有的栈道可以通往开阔的观景平台（通常是登顶的栈道），有的栈道可以带领你进入森林的秘境（通常是溯溪的栈道）。

在这么多栈道中，观景推荐尖峰岭的主峰栈道，看大树推荐霸王岭的白石潭“钱道”，观瀑推荐吊罗山的白水岭栈道，赏溪推荐五指山的昌江之源栈

▲ 图6-1　五指山昌化江之源栈道

▲ 图6-2　犹如天梯一般的尖峰岭主峰栈道

▲ 图6-3　五指山登顶栈道

▲ 图6-4　吊罗山枫果山瀑布栈桥

道，健身徒步则推荐黎母山的曲岭谷栈道，因为那里有很好玩的攀岩路段。

2. 壮美河山

国家公园的重要特征是具有国家代表性，那海南热带雨林国家公园也必须要具有独特而杰出的标志性自然地理景观，让人们在赞美祖国的大好河山的同时，激发人们的爱国爱乡之情。

那么在园内，哪里是最具有国家代表性的观景打卡点呢？很多人似乎觉得这个问题很好回答，难道不是五指山山顶吗？因为那是海南之巅，孤峰突起，海南中部的高山大川尽收眼底。只可惜那里不是开放区域，加上登山路途遥远，山顶上经常云雾笼罩，所以并非首选。

实际上，尖峰岭主峰观景平台才是园内最佳的观景点，那里虽然只有海拔1412米，但朝西望去却是一马平川，直抵大海，可以同时欣赏到“四海”（林海、大海、云海、雾海）奇境，并且可达性强，只需步行45分钟即可到达（图6-5～图6-7）。难怪近年来到尖峰岭主峰观看日出成了一个颇为热门的网红打卡项目。如果你不想爬山，那么在尖峰路边的清风亭、将军崖和神鹿亭也都可以看到壮阔的山岳景观。另外，五指山市水满乡的五指山观山点和昌江县七叉镇的宝山村木棉观景平台也是不错的观景选择。

▲ 图6-5　在山下仰望如同金字塔一般的尖峰岭主峰　杨川/摄

▲ 图6-6　从尖峰岭主峰向西眺望北部湾　陈开魁/摄

▲ 图6-7　尖峰岭主峰能满足人们对于“山”和“林”的想象　杨川/摄

海南热带雨林国家公园中的另一个奇特自然景观是俄贤岭。那里群峰并列，屹立千米的喀斯特山体如巨龙一般没入大广坝的水库，是一幅极为震人心魄的自然奇观。俄贤岭的最佳观景点在从霸王岭到王下乡的公路上，位于从分水岭开始下坡的第一个急转弯处（图6-8）。可惜那里缺少一个观景平台。近年来，由于树木的生长挡住的人们的视线，现在要靠无人机才能看到这壮美的景色。不过，在俄贤岭周边的三派村、十里画廊（图6-9）和俄贤岭景区，都可以从不同的角度欣赏到在中国难得一见的喀斯特雨林景观。

▲ 图6-8　在俄贤岭最佳观景点可以看到“巨龙入海”

▲ 图6-9　十里画廊，春风十里

3. 节庆活动

若想了解一个地方的特色民俗，参与节庆活动应该是最佳体验方式之一（表6-1）。海南热带雨林国家公园所在市（县）都属于海南的民族市（县），以黎族文化和苗族文化为主要特色（图6-10和图6-11）。若你想一次性完整体验黎族和苗族民俗，那么黎族和苗族同胞最盛大的传统节日“三月三”不容错过。

表6-1　海南热带雨林国家公园全年节庆活动排列表

时间	节日	类型	地点
2～3月	木棉花节	赏花观景	昌江县——霸王岭片区
4月 （农历三月初三）	三月三	传统节庆/ 祭祀活动	海南热带雨林国家公园周边市（县）
4月 （农历三月十五）	黎母诞辰	祭祀活动	琼中县——黎母山片区
4～5月 （农历三月初三前后）	渔猎节	民俗体验	保亭县——毛瑞片区
8月 （农历七月初七）	嬉水节	民俗体验	保亭县——毛瑞片区
11～12月	红叶节	赏叶观景	五指山市——五指山片区

▲ 图6-10　黎族阿妹欢迎您

▲ 图6-11　赛黎锦

每年农历三月初三，海南的民族市（县）会轮流设置主会场和分会场，让你有机会和盛装的黎族和苗族同胞们一起欢度盛典。经典的活动项目有对歌、传统婚俗、歌舞、乐器表演等文艺表演，以及荡秋千、射箭、射击等民间体育竞技比赛，还有各种特色美食供你品尝。你不仅可以一饱眼福，还可大饱口福！

如果你对黎族祭祀文化感兴趣，那么有两个风格各异的祭祀活动推荐你观摩——“袍隆扣”祭祀大典和黎母诞辰祭祀活动。“袍隆扣”祭祀大典与黎苗“三月三”节庆同期举办，地点在五指山片区水满乡黎峒文化园的黎祖大殿。祭祀仪式通常由政府主持，氛围庄严而隆重，活动内容也更为丰富，观赏性更强。黎母诞辰祭祀活动则是由民间自发形成的大型祭祀活动，于每年农历三月十五“黎母诞辰”日，在黎母山片区内黎母庙举行，也是琼中县“三月三”庆典特色活动内容之一。祭祀当日，海南省各支系的黎族同胞和香客会携带祭品、香烛前往祭拜祈福，祭祀仪式别具风格，更为原生态。

此外，毛瑞片区所在的保亭县也有一些独具地方特色的黎族和苗族民俗活动可供选择。农历三月初三前后，在保亭县毛感乡举办的渔猎节，你能深度体验黎族和苗族传统的狩猎方式，如古法围猎、笼鱼、射鱼等，夜晚还可参与篝火晚会歌舞活动。农历七月初七，在保城镇举办的嬉水节则是保亭县规模最大，也最为隆重的民俗活动。节庆当天，你可以畅享全民泼水的大狂欢，还可以欣赏黎苗歌舞表演，民族服饰创意设计大赛，传统体育竞技比赛等（图6-12和图6-13）。

除了文化体验，如果你还喜欢感受季节更替带来的大自然烂漫景致，那么每年2～3月霸王岭片区的木棉花节和11～12月五指山片区的红叶节不容错过。约上三五好友或带上家人，找到最佳观景点，无论是赏花亦是赏叶，都足够让你感到美不胜收，流连忘返。

▲ 图6-12　民族传统体育——跑浮桥

▲ 图6-13　民族传统体育——拉乌龟

（二）研学旅行

研学旅行是近年来很流行的旅游形式，由于海南地处热带，拥有得天独厚的自然条件，在寒假和暑假到海南开展研学旅行的团队越来越多（图6-14）。

▲ 图6-14　导师是开展研学旅行活动的关键要素

开展研学旅行除了要有便利的吃住和交通条件以外，还要求有相应的科普场馆，最好还有在地的导师和课程资源。开展研学旅行是海南热带雨林国家公园很重要的服务功能，但目前条件还不是很成熟，只有鹦哥岭的鹦哥嘴管护站和黎母山的学而山房具有一定接待研学旅行的能力和经验。另外，在尖峰岭和吊罗山都有科普展览馆，具备开展研学旅行的潜力。

（三）自然探索

1.地质景观

海南热带雨林国家公园中除了有独木成林、空中花园等雨林景观，还有另一类尽显大自然鬼斧神工的景观——地质景观。国家公园中比较独特的地质景观有两类：石灰岩岩溶地貌及花岗岩石臼景观。石灰岩岩溶地貌包括石山、石林、溶洞、石灰岩高山峡谷，其中面积最大、分布最集中的当属俄贤岭。俄贤岭是一片孤立的石灰岩山地，平均厚度超过250米，面积达30多平方千米（图6-15）。如果您想探秘石灰岩雨林，近距离观察布满白色钙华的石灰岩瀑布和溪流，请一定不要错过这里。

说到岩溶地貌，最为人所知的代表景观就是溶洞。海南热带雨林国家公园内溶洞不少，但已经开放的观光溶洞仅有2个：位于俄贤岭登山栈道终点的俄娘洞和王下乡的皇帝洞。俄娘洞是海南少有的经过彩灯装饰的溶洞，洞中流光溢彩、如梦如幻，游览其中宛若置身琼苑仙境；而皇帝洞却是一个原汁原味的天然溶洞，洞内空间宽阔、静谧幽暗，能真实地体现原始溶洞的特点和气质（图6-16）。皇帝洞紧临南绕河，沿河游览，您会惊喜地看到一处神似桂林山水的风景，这里就是石灰岩高山峡谷——十里画廊。游览皇帝洞和十里画廊，

▲ 图6-15　俄贤岭

可以从内、外两个视角欣赏石灰岩山地，是不可多得的体验。

最奇险的岩溶地貌当属仙安石林了，它面积只有0.4平方千米，遍布黑灰色的石芽和石林，如剑如针，难以攀爬步行。目前，仙安石林尚未对公众开放，仅能从山脚下的公路远观（图6-17）。

石臼景观位于黎母山，近170个石臼在河道边星罗棋布。它们大小不一，大如餐桌，小若餐盘，且形态各异，深浅不一。至于这些石臼的形成原因却众说纷纭，充满神秘色彩。

▲ 图6-16　皇帝洞

▲ 图6-17　仙安石林

2. 观鸟和拍鸟

近年来，观鸟和拍鸟成为许多自然爱好者和摄影爱好者非常热衷的户外活动。海南热带雨林国家公园是海南山鹧鸪、海南孔雀雉、栗颊噪鹛等海南中部山区特色鸟种的主要分布地，丰富且独具特色的鸟类资源使这里成为全国闻名的观鸟和拍鸟胜地。

海南热带雨林国家公园里最具吸引力的观鸟点当属尖峰岭的鸣凤谷（图6-18）。这里的明星鸟种是塔尾树鹊、大盘尾、黄胸绿鹊、淡紫䴓。沿着景区的环山栈道前行，不时飞过的鸟浪让你目不暇接。初次前来海南中部山区观鸟的鸟友能轻轻松松“加新”几十种。

其次是霸王岭的雅加景区（图6-19）。这里的明星鸟种是红头咬鹃（图6-20），

▲ 图6-18　在鸣凤谷，可以看到来自世界各地的观鸟者

▲ 图6-19　雅加山庄的阳台就是很好的拍鸟点

▲ 图6-20　雅加山庄的明星鸟种——红头咬鹃

如果你入住雅加山庄，早晨起来便能在酒店庭院见到它。景区的几条旅游栈道能见到黑眉拟啄木鸟、灰眶雀鹛、赤红山椒鸟等海南特色林鸟。此外，五指山片区的阿陀岭也是较为热门的观鸟景点，海南柳莺、银胸丝冠鸟、红翅鵙鹛是那里的金字招牌。

3. 植物观察

现在越来越多的植物爱好者走出家门，走进山野，探索植物的世界，并通过相机“收集”各地的特色植物（图6-21）。作为祖国最南端的国家公园有什么不一样的植物种类？想去那里“刷植物”又该爬哪座山，进哪条沟呢？

植物观察地点首推吊罗山（图6-22）。吊罗山交通便利，几条栈道海拔跨度大，从低海拔科普教育基地的吊罗裸实、单花水油甘到天湖后山栈道的桫椤、石碌含笑、吊罗山罗芙木等都是在海南别处难得一见的稀有植物。在吊罗山，你可以走最少路程，看到最少见的植物。尖峰岭也是观察植物的好选择。尖峰岭步行可达的区域广阔，在不同的海拔高度上修建了多条栈道，可以很容易观察到植被的垂直变化。你可以选择主峰路线，了解山顶矮林里的特色植物，如多萼核果茶、苏铁蕨、裂萼水玉簪等；在鸣凤谷，你可以看到典型的山地雨林，还有海南粗榧、海南木莲、海南马兜铃（图6-23）等特有植物；在雨林谷，可以看到生长在沟谷雨林里的山桐材和众多附生在树木上的兰花（图6-24）。

朋友们或许会问，为什么不第一个推荐五指山？作为海南最高峰，五指山确实声名远扬，但五指山山路崎岖，加之山顶不是开放区，所以并不是最

▲ 图6-21　发现好东西

▲ 图6-22　吊罗山天湖景区的溪流边上是观测植物的好地方

▲ 图6-23　海南马兜铃

▲ 图6-24　兰花是很多“植物人”追求的目标

好的选择。当然，五指山栈道旁也有一些植物值得关注，比如，五指山耳草、海岛远志等。此外，霸王岭的古树、名木特别多，也是不错的植物打卡点。

4.溪流探奇

水，是孕育生命的地方，溪流作为雨林中“水”条件最好的地方，永远充满生机和神秘。无论是看植物，还是看动物，溪边都能给你极大的满足。海南热带雨林国家公园河溪众多，那有什么比较好的去处呢？

吊罗山天湖度假村当属首选，那里有湖也有溪，景观丰富，物种多样。白天，海南最美、最独特的蜻蜓——丽拟丝蟌在溪流上方飞舞；细尾白甲鱼、条纹小鲃、横纹南鳅在水里畅游；成片的短柄毛锦香草和雪香兰是别处难得一见的水生植物。到了夜晚，这里是便利的夜观点，黑夜是属于两栖爬行动物的世界，眼斑刘树蛙、背条螳臂树蛙、红蹼树蛙、大绿臭蛙（图6-25）等让你目不暇接，还有多种蛇类会不时给你带来“惊喜”。

如果住在鹦哥岭的鹦哥嘴管理站，旁边也有一条很适合观测的溪流（图6-26），那里有独特的鹦哥岭川苔草，一种靠着强大的附着能力生长在急流中的微小植物。此外，五指山昌化江之源也是溪流探奇的好去处，种类繁多的蜻蜓、蝴蝶、蛙类以及沟谷边上的参天大树完全可以满足你对热带雨林的想象（图6-27）。

▲ 图6-25　大绿臭蛙

▲ 图6-26　溪流观测也是很有意思的研学项目

▲ 图6-27　五指山昌化江之源

（四）黎族和苗族文化

海南热带雨林国家公园所在市（县）都有不同风格的黎族和苗族主题景点，让你从多个维度感知黎族和苗族同胞的文化与生活（图6-28）。

想全方位、成体系探寻黎族和苗族文化与历史？五指山市内的海南省民族博物馆当属首选。只需在博物馆内花上半天时间，你就可以通过文物展品、当代实物展品和图文系统、全面地了解海南黎族和苗族的方方面面。如果你是博物馆爱好者，五指山水满乡的黎峒文化园和鹦哥岭动植物博物馆也都有黎苗文化主题的陈列，欢迎你去赏鉴。

▲ 图6-28　黎祖大殿

▲ 图6-29　牙胡梯田

▲ 图6-30　洪水村

对黎族传统的“船型屋”充满好奇？那一定要去五指山市毛阳镇的初保村看看。初保村的老村完整保存了黎族原始村落的原貌，那里依山而建的茅草屋和村前层叠的梯田至今仍真实地呈现着黎族同胞的传统生活轨迹。如你还对农耕文化情有独钟，不妨去附近的五指山牙胡梯田走一走（图6-29）。作为海南岛面积最大的一片梯田，田园之美自然不必多说，在稻田间小坐，和村民聊上几句，兴许你还可以下田搭把手，出把大汗。

如果你想零距离感受黎族和苗族同胞生活的不同侧面，想和黎族和苗族同胞一起闲话家常，向你重点推荐琼中县什寒村、昌江县王下乡。什寒村共有3个黎族村落和1个苗族村落，是同时体验黎族和苗族文化的不二之选。在地方政府的大力扶持下，乡村旅游服务设施完备，特色餐饮、农家客栈、文化和自然体验一应俱全，是较为成熟的乡村休闲旅游目的地，村内最有黎苗特色的长桌宴，也值得体验。

相较于什寒村，昌江县的王下乡路途略显偏远，从霸王岭场部出发，大约还需要1小时车程。地处霸王岭腹地，躺在群山怀抱里的王下乡，目前有3个黎族村落提供餐饮住宿和民俗体验服务，分别是浪论村、洪水村（图6-30）和三派村。无论是休闲周末抑或悠长假期，王下乡都是你走进黎族文化和生活的佳选。

（五）休闲康养

良好的生态环境是满足休闲康养的首要条件（图6-31）。若在海南热带雨林国家公园中挑选休闲康养目的地，那必是优中择优。如果你喜欢融入山野丛林，吊罗山天湖度假村、尖峰岭天池桃园（图6-32）、霸王岭雅加山庄、五指山亚泰雨林酒店可以满足你出门即是山林的需求；如果你喜欢有设计主张又兼具人文气息的质感，黎母山的学而山房、保亭县的神玉岛可供你品鉴；如果你喜欢现代生活与传统文化的高度融合，昌江县王下乡浪论村浪悦·黎奢民宿、五指山水满乡茗兰舍、白沙县的罗帅村雨林驿站更适合你；如果你喜欢贴近当地居民，感受他们的生活，琼中县的什寒村、昌江县王下乡的洪水村、五指山的水满乡值得你去亲身体验。

▲ 图6-31　雨林禅修

▲ 图6-32　尖峰岭天池桃园酒店

（六）美食美物

1.美食

中部山区是海南少数民族主要聚居地，得天独厚的地理条件、勤劳智慧的山区人民一同描绘了以黎族和苗族特色为代表的海南热带雨林国家公园美食地图（图6-33和图6-34）。

▲ 图6-33　在市场上可以看到很多前所未见的野菜（白沙县）

▲ 图6-34　蝗虫和蜂蛹，你敢挑战吗（乐东县）

如果你想品尝最地道的黎家特色美食，可向当地酒店或民宿咨询，预订一场长桌宴。芭蕉叶盛着满满的美食一字排开，竹筒饭、三色饭、山栏酒、鱼茶、特色烧烤必不可少，最大限度满足你对黎家特色美食的好奇心和味蕾。

农家乐或农家饭庄通常是游客在海南热带雨林国家公园就餐的首选。海南山区适合各种野菜生长，不同时节有不同选择，常吃的有革命菜、雷公笋、雷公根、树仔菜、南瓜叶等，通常的做法是清炒或做汤。篓叶炒土鸡、篓叶煎蛋、炒山笋是亲民代表，各家饭店常备；五脚猪、小黄牛、四棱豆要到相对高档的饭店才能吃到。还有一些地方性美食和食材，需亲临当地才能品尝到，比如，霸王炸蛋、尖峰天池鱼和天池白菜。

2.水果

如果你在6～8月从三亚途径保亭进入五指山，常会看见有人在路边售卖形似毛荔枝的水果，第一次来海南的朋友大多没见过，那就是红毛丹（图6-35）。新鲜成熟的红毛丹果肉脆爽多汁，颜色、口感与荔枝相似，味清甜或甜酸可口。红毛丹要即买即食，不宜久藏，不宜长途运输，在常温下经2天即变色生斑，有幸遇见的朋友一定要买来尝尝。保亭县是红毛丹在中国的主要产地，在这里可以吃到最新鲜的红毛丹。

除了在当地农贸市场或水果超市购买特色水果以外（图6-36），参加水果采摘游也是值得推荐的旅游体验方式。在春节前后你可以到尖峰岭果园采摘品尝天池红心橙，也可以在5～6月到“中国芒果之乡”昌江县的七叉镇和石碌镇等地参加芒果文化节系列活动。

▲ 图6-35 红毛丹

▲ 图6-36 市场上让人嘴馋的椒盐水果

3. 茶饮

海南中部山区雨水充沛、云雾弥漫、四季如春、气候宜人，为茶树生长提供了良好的自然条件，是我国新兴茶区热带茶树生态最优良的种植区。茶叶也是海南中部旅游的高人气特产，在各大县城的主要街道都可以找到售卖茶叶的商行。

▲ 图6-37 除了正宗的“茶”以外，还有用不同树叶配伍而成的功能性茶饮

比较出名的品牌有白沙绿茶、五指山绿茶、红茶。具有热带雨林特色的有五指山的水满茶和尖峰岭的天池云雾茶。另外，还有苦丁茶、鹧鸪茶和寄生茶等“非茶”饮品，作为海南民间“凉茶”，有降火清热的功效，大家也不妨一试（图6-37）。

4. 手工艺品

海南黎族和苗族人民自古以来充分利用山区资源，自制生产生活用具，长此以往形成了独具特色的传统工艺品，如黎族织锦、黎族藤编、苗族发绣、苗族扎染等（图6-38和图6-39）。然而，与其他民族地区一样，越来越多传统技艺面临失传的境遇，这些工艺品也渐渐淡出人们的视线。近年来随着政府对非物质文化遗产的重视，情况逐渐向好。人们可以在什寒村这样的特色村寨里欣赏、购买到精美的黎族和苗族工艺品。

▲ 图6-38　苗绣

▲ 图6-39　编织工艺

（七）户外运动

1.骑行

“五指山—琼中”是海南环岛中线骑行线路中最精华也是最艰难的路段，从五指山市出发沿着G224国道（海榆中线），翻越最美山地公路——五指山阿陀岭盘山公路（图6-40），途经毛阳镇、什运乡、红毛镇，之后抵达琼中县城营根镇，全程约82千米。

阿陀岭被称为环海南岛国际公路自行车赛的“魔鬼赛段”，这里设有环岛赛难度最大、有且仅有的1级爬坡点。驰骋在原始山林之间，经历199道弯，绕过180度山地回旋，向着海拔约750米的最高点（朱德亭，图6-41）爬升。站在阿陀岭公路之巅，饱览群山峻岭，眺望五指山市，是每一个中线骑行挑战者的高光时刻。

完成“五指山—琼中”路段后，如果时间充裕，可在琼中县城多逗留一晚。次日，从营根镇出发，体验近年广受骑行、徒步爱好者青睐的红色黎家主题线路——琼中县“番文线”。沿G224国道往西南方向骑行，途经红毛镇白沙起义纪念园、什运互通，从177千米入口约200米处进入什运乡番道村，来到奔格内国家步道，依次游览黎族特色村寨：冲公保村、便文村、什太阶村、道妙村和什统村，单程50千米左右。

▲ 图6-40　阿陀岭盘山公路是高端骑行玩家的最爱　吴清川/摄

▲ 图6-41　海榆中线的最高点——朱德亭

2. 漂流

随着人们户外运动项目的不断扩展，年轻人对漂流的喜爱日渐增长，对这项充满刺激和欢乐的活动有了更多的需求，五指山漂流在海南热带雨林国家公园中是最具特色的户外运动（图6-42）。在五指山市到水满乡的环线线路上有3个漂流点可供选择，它们各具特色，想要体验一回惊心动魄的漂流之旅推荐大峡谷漂流，想要体验漂流刺激又想有更多旅游体验的推荐红峡谷漂流，想要欣赏雨林风光以及黎族和苗族风情的推荐雨林谷漂流。大家可以根据自己的偏好进行选择。

▶ 图6-42　雨林谷漂流

二、自驾游线路推荐

海南热带雨林国家公园面积达4400余平方千米，地域跨五指山、琼中、白沙、昌江、东方、保亭、陵水、乐东、万宁9个市（县），主要景点之间距离较远，想获得较好的旅游体验，最便利的出行方式是自驾旅游。根据国家公园各片区地理位置及海南路网现状，推荐2条主要的自驾旅游线路。

（一）西线畅快之旅

这条线路依托G98海南环岛西线高速，可以较为轻松便捷地畅玩海南热带雨林国家公园的霸王岭和尖峰岭片区。

从海南省省会海口出发，沿G98环岛西线高速公路行驶约210各米，即可到达霸王岭片区，霸王岭是海南热带雨林国家公园面积最大的片区，如果仅游览雅加景区、白石滩景区、七叉镇景区，一天时间足矣，可在雅加山庄或霸王岭场部住宿。若想有更深入的体验，还可以前往王下乡景区、俄贤岭景区、大广坝水库，需要增加一天时间，可在王下乡住宿。

游遍霸王岭片区，如果意犹未尽，沿西线G98环岛西线高速继续向南行驶，即可到达尖峰岭片区。尖峰片区各主要景点相对集中，在尖峰镇或天池住宿，一天时间可玩遍几个主要景区。若想在尖峰岭主峰观赏日出，则需要提前规划好行程。

（二）中线丰收之旅

这条线路依托G9811海三高速及与之相连接的高速公路、国道及省道，可以玩遍海南热带雨林国家公园的黎母山、鹦哥岭、五指山、毛瑞、吊罗山片区，绝对是一趟收获满满的旅程。

从海南省省会海口出发，沿G9811海三高速与G9813万洋高速行驶约130千米，即可到达海南热带雨林国家公园北端的黎母山片区，可在黎母山林场场部住宿，一天时间足够游遍黎母庙、仙人洞及3条栈道。继续向南，沿G9813万洋高速与G9811海三高速行驶70千米，即可到达什寒村。如果时间充裕，可以在什寒住宿一晚，体验这里的黎族和苗族风情。

从什寒村出发，沿G9811海三高速向南行驶约30千米，就能到达鹦哥岭片区的鹦哥嘴管护站，这里可游览鹦哥岭动植物博物馆和生态环境教育栈道，大约需要半天时间。继续向南，再沿G9811海三高速行驶约20千米，即可到牙胡梯田，游览时间大约1小时，从牙胡梯田沿国道G540行驶9千米，就能到达五指山革命根据地纪念园，游览时间约1小时。

离开鹦哥岭片区，从G9811海三高速毛阳互通转道海榆中线向东南方行驶约35千米，即可到达五指山片区的水满乡，五指山片区的景点和酒店都集中在这里，足够你玩上1～2天。

从水满乡沿县道X590及海榆中线向南行驶约70千米，即可到达毛瑞片区，游览仙安石林，可以在神玉岛住宿游玩，游览时间1天。

从毛瑞片区沿国道G361向东行驶约70千米，就能到达位于海南热带雨林国家公园最东侧的吊罗山片区，可住宿吊罗山风情小镇或天湖度假村，游览吊罗山的主要景点大约需要1～2天。

目前海南已建成三纵三横高速公路网，从海南热带雨林国家公园西侧的尖峰岭到东侧的吊罗山，沿G9811+S10高速或G98高速行驶，也仅有约200千米车程。想深度体验海南热带雨林国家公园壮美风光的游客，可以将以上两条自驾线路串联起来，玩遍海南热带雨林国家公园。

参考文献

《白沙黎族自治县概况》编写组. 白沙黎族自治县概况[M]. 北京：民族出版社，2009.

曾庆波，李意德，陈步峰，等. 热带森林生态系统研究与管理[M]. 北京：中国林业出版社，1997.

[德]安德里亚·麦尔提尼文，[德]莱纳·茨格、葛瑞·斯考特图. 热带雨林[M]. 李立娅，译. 武汉：湖北教育出版社，2009.

窦亚权，李娅. 我国国家公园建设现状及发展理念探析[J]. 世界林业研究，2018，31(1)：75-79.

高吉喜，徐梦佳，邹长新. 中国自然保护地70年发展历程与成效[J]. 中国环境管理，2019(4)：25-29.

高明. 美国国家公园体系是如何形成的[N]. 光明日报，2018-01-29(14).

顾茂彬，陈佩珍. 海南岛蝴蝶[M]. 北京：中国林业出版社，1997.

广东省昆虫研究所动物室，中山大学生物系. 海南岛的鸟兽[M]. 北京：科学出版社，1983.

海南省地方志办公室，海南省志·自然地理志[M]. 海南：海南出版社，2011.

海南省民政厅. 海南地名文化纪事[M]. 北京：中国社会出版社，2018.

贺艳，殷丽娜. 美国国家公园管理政策(最新版)[M]. 上海：上海远东出版社，2015：9-11.

江海声，陈辈乐，周亚东，等. 海南鹦哥岭自然保护区生物多样性及其保育[M]. 北京：中国林业出版社，2013.

蒋有绪，卢俊培，等. 中国海南岛尖峰岭热带林生态系统[M]. 北京：科学出版社，1991.

解焱. 我们自然保护区与IUCN自然保护地分类管理体系的比较与借鉴[J]. 世界环境，2016(S1)：53-56.

李萃玲，宋希强. 海南风水林的空间形态与分布[J]. 中国园林，2014，(02)：87-91.

林育真，赵彦修. 生态与生物多样性[M]. 济南：山东科学技术出版社，2013.

刘阳，陈水华. 中国鸟类观察手册[M]. 长沙：湖南科学技术出版社，2021.

《琼中黎族苗族自治县概况》编写组. 琼中黎族苗族自治县概况[M]. 北京：民族出版社，2008.

苏扬. 十说国家公园体制元年[J]. 中国发展观察，2016(2)：56-59.

唐芳林，闫颜，刘文国. 我国国家公园体制建设进展[J]. 生物多样性，2019，27(2)：123-127.

唐芳林. 中国特色国家公园体制建设的特征和路径[J]. 北京林业大学学报(社会科学版)，2020，19(2)：33-39.

唐小平，栾晓峰. 构建以国家公园为主体的自然保护地体系[J]. 林业资源管理，2017(6): 1-8.
邢福武，周劲松，王国发，等. 海南植物物种多样性编目[M]. 武汉：华中科技大学出版社，2014.
杨小波，陈玉凯，李东海，等. 海南珍稀保护植物图鉴与分布特征研究[M]. 北京：科学出版社，2016.
杨小波，等. 海南植物图志[M]. 北京：科学出版社，2015.
于广志. 透析美国保护地—保护管理者必读[M]. 旧金山：长河出版社，2015.
袁楠楠，薛达元，彭羽. 黎族传统知识对生物多样性保护的作用[J]. 中央民族大学学报（自然科学版），2011(02). 30-33.
袁晓莉. 蚺蛇与甘工鸟：黎族造物的图腾与禁忌[J]. 内蒙古大学艺术学院学报，2014(04): 51-61.
约翰·马敬能，卡伦·菲利普斯. 中国鸟类野外手册[M]. 何芬奇，译. 长沙：湖南教育出版社，2000.
臧振华，张多，王楠，等. 中国首批国家公园体制试点的经验与成效、问题与建议[J]. 生态学报，2020, 40(24): 8839-8850.
张浩淼. 中国蜻蜓大图鉴[M]. 重庆：重庆大学出版社，2019.
郑光美. 中国鸟类分类与分布名录[M]. 3版. 北京：科学出版社，2017.
中共海南省党史研究室（海南省地方志办公室）. 海南史志网.[2021-6-30]. http: //www.hnszw. org. cn/zssk. php?Class=130&Deep=3.
《中国地理百科》编委会. 五指山区[M]. 广州：世界图书出版广东有限公司，2014.
中国科学院植物研究所. 中国珍稀濒危植物信息系统[EB/OL]. [2021-6-30]. http: //www.iplant. cn/rep/protlist.
中国科学院植物研究所. 中国植物志8[EB/OL]. [2021-6-30]. http: //www. iplant. cn/frps.
周亚东. 文化雨林[M]. 海口：南海出版公司，2017.
朱春全. 关于建立国家公园体制的思考[J]. 生物多样性，2014, 22(4): 418-420.
AndrewT. Smith, 解炎. 中国兽类野外手册[M]. 长沙：湖南教育出版社，2009.
BernhardGissibl, SabineHöhler, PatrickKupper. Civilizing Nature: National Parks in Global Historical Perspective[M]. New York: Berghahn Books, 2012.

附　录

一、行前指南

1. 户外着装选择速干、透气材质的上衣及长裤为佳，能收紧的裤脚可以预防蚂蟥、昆虫钻入裤子内。

2. 衣着宜选择与自然环境协调的黑、灰、绿、棕等色系，避免过于鲜艳的颜色如红色、黄色等惊扰野生动物。

3. 在野外佩戴大帽檐的遮阳帽不仅可以防晒，还可防止头顶直接触碰树枝、昆虫等自然物。

4. 应选择舒适、轻便的户外运动鞋、徒步鞋等包脚的鞋子，并穿着高腰袜。如果您需要长距离行走及登山，需要穿登山鞋。如果在雨天出行，一双

▼▶ 自然观测和徒步的着装

轻便的雨靴可以防水、防蛇、防泥泞。

5.热带雨林雨水较多，请随身携带防雨外套或雨具，以防天气突变。

6.海南天气炎热，户外出行需要及时补充水分，请携带充足的饮用水，并尽量少购买瓶装水。

7.长时间户外活动应及时补充能量，请准备一些便于携带的食物，例如，巧克力、饼干等。

8.提前将你的行程告知亲友，并携带手机和移动电源，保持通讯畅通。海南热带雨林国家公园部分区域手机信号微弱，如果团体行动需要，可携带对讲机。

9.推荐携带常用药和急救包以备不时之需。

10.您可以根据需要携带照相机、望远镜、导览折页、物种介绍折页、图鉴和笔记本，这些物品能帮助您更好地进行自然观察。

二、访客须知

1.海南热带雨林国家公园内的核心保护区禁止访客进入。访客应注意国家公园标识，不要到偏僻危险区域活动。

2.严禁携带任何易燃易爆危险物品进入园区，园区禁止吸烟、野炊、烧烤等一切野外用火。

3.倡导文明游园，爱护公共设施和生态环境，自觉爱护园内环境卫生，不随地吐痰、大小便，不乱扔废弃物，严禁携带宠物入园。

4.访客进入国家公园需爱护公园内的动植物，禁止捕捉、采集、伤害昆虫、鸟兽、鱼类、兰花等动植物。

5.访客不得随意放生动物，不科学的放生行为会对他人人身造成损害或危害生态系统。

6.在游览过程中需保持安静，勿惊扰动物。严禁在国家公园内大音量播放音乐，产生噪声污染，影响和妨碍他人游览。

7.应注意保护自身安全，如果遇暴雨、雷暴等恶劣天气，应注意防风、防滑、避雷。

8.遵守活动秩序，路经陡峭、狭窄的步道时，不要拥挤、打闹。

9.注意国家公园警示标志，不要跨越护栏，不要在危险地段攀爬山崖，未经许可严禁下水。

10.如果在国家公园内碰见蛇类、兽类等野生动物，请勿惊慌，及时回避。

11.未经许可不得采食任何植物、蘑菇，避免误食造成身体不适或中毒。